LES OUTRAGES

A LA NATURE

ET LEUR CONSÉQUENCE

LES
OUTRAGES
A LA NATURE
ET LEUR CONSÉQUENCE

Par E. NOÉ

PRÉFACE PAR RAOUL DES AJONCS

> A la science, l'unique religion
> de l'avenir.
> F.-V. RASPAIL.

PARIS

LIBRAIRIE DU MERVEILLEUX

29, RUE DE TRÉVISE, 29

1891

PRÉFACE

Ce livre est étrange, bizarre, insensé !

Ce sont là des côtés qui plaisent parfois et qui m'ont quelque peu séduit !

Est-ce un livre de science ?

Est-ce un livre de morale ?

Pour scientifique, cet ouvrage ne l'est guère, car il bouleverse toutes les idées connues. A des théories admises il substitue des idées fantaisistes reposant parfois sur des données inexactes. A côté de cela que de points délicats il aborde, sans bases démontrables, mais il n'en peut pas être ; et absolument comme un vulgaire savant, l'auteur émet des hypothèses. C'est même un point commun, une ressemblance éloignée que ces deux hommes — le savant et l'auteur — présentent entre eux.

Pour moral, il l'est, ce livre ; il l'est même trop,

il me navre ! Avec lui plus rien sur la terre. L'hygiène physique et morale dominant tout, voilà qui n'est pas drôle, mais pas drôle le moins du monde ! Et cependant, tout moral qu'il est — cet ouvrage, — il n'est pas prudent de le laisser entre toutes les mains ; il soulève parfois, souvent même, le voile de la pudeur.

.˙.

Impitoyable justicier, l'auteur dévoile toutes les iniquités, toutes les bassesses, toutes les turpitudes humaines. Il les qualifie d'*outrages à la nature*, et il a trouvé les terribles vengeances que dame Nature offensée inflige à ses ennemis. Son imagination féconde, pessimiste, a dû broyer bien du noir avant d'en arriver là. Mais c'est notre ennemi cet homme qui en veut à nos misères et à nos faiblesses ! Ne peut-on lui dire: Pourquoi la Nature nous a-t-elle mis en l'âme des instincts vils et bas si elle veut nous en punir ? Quelle inconséquence ! Et puis, après tout, ces instincts à la satisfaction desquels beaucoup d'entre nous se plaisent sont-ils bien vils et bas ? Il faut préciser.

Qu'est-ce qui est bien ?

Qu'est-ce qui est mal ?

A ces deux questions il semble que la réponse soit des plus faciles. Il n'en est rien, il n'existe pas de démarcation bien nette. Si l'on prend les antipodes, le doute n'est pas permis, ne *semble* pas permis du moins ! Mais les intermédiaires existent et ils sont nombreux ; ils relient intimement entre eux le bien et le mal.

Tout est relatif, rien n'est absolu dans ce bas monde ! Dans certains pays on tue le père infirme ou vieux, ou plutôt on le fait se suicider : il se suspend par les mains à un arbre et tombe bientôt : quand la feuille est sèche, il faut qu'elle tombe. Dans notre pays, il arrive parfois — c'est surtout à la campagne que cela arrive, lisez la *Terre* de Zola — que de braves gens brûlent leurs parents qui ne peuvent plus travailler ! Les premiers — les sauvages — ont raison dans leur pays ; les seconds ont tort dans le nôtre; question de latitude !

En Afrique, la femme est bête de somme ; cela se présente souvent chez nous : le mari boit, la femme peine pour nourrir les enfants dont elle n'a nullement demandé la naissance. En Afrique, la chose est trouvée naturelle ; chez nous, elle est choquante, et cependant aucune loi ne l'empêche.

Il est beaucoup parlé d'amour vénal dans ce livre ; mais qu'est-ce qui est vénal ? qu'est-ce qui ne l'est pas ?

La vénalité a des degrés, elle aussi.

Il est évident qu'est bien réellement vénale la femme qui vend son corps quelques minutes contre de beaux deniers comptants. Mais l'est tout autant la jeune fille qui épouse le vieillard par calcul, même la jeune fille épousant le jeune homme dont la situation lui semble belle. Les parents spéculent sur la beauté de leurs enfants, et, s'ils ont une fille, aucun jeune homme de situation convenable, en âge de se marier, ne peut venir chez eux sans que, pour eux, ils songent à leur fille. C'est souvent, pour l'homme, très ennuyeux d'être à marier et d'avoir une belle position, comme on dit vulgairement. Il est harcelé. Tout le monde veut le marier à son goût — au monde, pas à l'intéressé ! — Et voilà un fait divers, banal en apparence, mais navrant au fond, qui prouve la vérité de ce que j'avance.

Tout récemment, devant les tribunaux de la Seine se déroulaient les péripéties d'un mariage bizarre. Un jeune docteur en médecine, officier d'académie, était introduit dans une famille honorable, famille ayant à marier une belle jeune fille ayant trente mille francs de dot. L'introducteur était le médecin de la famille, vieil ami de quinze ans. On présente les jeunes gens, ils se plaisent, s'adorent, se le disent..., et la demande en mariage est bientôt faite. Le beau-père, enchanté des manières et de la science de son futur gendre, hâte les préparatifs et le mariage est célébré ; il se débarrassait ainsi de sa fille et de trente mille francs. Je ne sais ce qui lui allait le mieux dans ce double *débarras* ; ce mot est en effet le seul à employer, si l'on en juge la hâte de certains parents à jeter leur fille à la tête des gens ! Peu après, la dot n'existait plus, la séparation se plaidait, et... ô stupeur ! le beau-père apprenait que son gendre n'était ni officier d'académie, ni médecin, et... ô stupeur plus grande encore! que le vieux médecin de la famille n'était médecin que par sa... facalté à lui !

On ne se figure pas ce que souvent, en se mariant, on transforme en ennemis ses amis, jaloux ou navrés qu'on n'ait pas pris leur ours..., c'est-à-dire la jeune fille qu'ils voulaient marier. J'en ai connu — des jeunes gens — qui ne se sont pas noyés, mais qui se sont jetés tête baissée dans le lien conjugal pour ne plus être ennuyés. Les amis, les voisins, les indifférents..., le concierge même, proposaient tous les jours au malheureux les plus beaux partis de la terre ! C'est souvent à croire qu'il y a des primes accordées par le gouvernement— sans doute sur les fonds de la police secrète — pour les citoyens qui marient le plus possible de leurs contemporains. Les primes sur la dot sont plus sûres! Toute une industrie s'est fondée sur ce principe. Et plus que jamais Alphonse Karr — l'homme aux paradoxes — pourrait dire que souvent le mariage est une prostitution légale. Et il en est ainsi alors parfois que tout semble assorti : âge, beauté, fortune..., que sais-je ? Le calcul y a présidé. La vénalité s'étale au grand jour. Seules, quelques natures d'élite y échappent, n'écoutant que leur cœur. Ce sont les favorisés du sort. Séduits par l'intelligence, la beauté ou les qualités de l'âme, ils ont été attirés par une force invincible, ils l'ont écoutée..., ils seront heureux. Ce n'est pas pour eux qu'a été écrit ce livre.

.
. .

Éhonté, insolent, superbe, le vice gouverne notre époque sous la forme du dieu Veau d'or. Moïse peut revenir et en punir de mort les adorateurs : ce serait presque la fin du monde !

La vénalité dans l'amour est surtout visée par l'auteur, car c'est celle-là qui est un outrage à la nature. Le libre consentement doit être la seule règle. L'animalité nous en donne l'exemple, et il est bon à suivre. Quoi! dira-t-on, vous nous assimilez à la bête, vous nous ravalez au rang de la brute! Eh, vous répondraient les évolution.nistes, n'en descendons-nous pas? Mais la brute a du bon, elle choisit qui lui plait pour se per-pétuer, et ainsi elle ne présente que bien rare-ment ces difformités dont ne s'honore pas du tout l'espèce humaine! De plus, l'animal qui ne connait généralement pas son père ne s'en porte pas plus mal! Aujourd'hui, avec M. Gustave Rivet, le député littérateur, on veut imposer de mauvais pères à des enfants qui n'en demandent pas! Le père qui aime n'a pas besoin qu'on l'exige de lui. Ce serait plutôt une raison pour qu'il n'en fasse rien! La bête n'a qu'une période physiologique de courte durée, un besoin plutôt qu'un plaisir; aussi ne recherche-t-elle ni les raffinements, ni les exagérations...; de là l'absence de ces mons-truosités rencontrées chez les descendants de l'homme!

.·.

Avec ses théories — et malgré mes prétentions

à rester chaste, — mon auteur m'obligerait, si je le suivais de trop près, à me départir de mes principes de rigoureuse austérité. Et puis, après tout, pourquoi est-ce que je fais cette préface ?

Le sais-je ?

Ne le sais-je pas ?

Voilà une question embarrassante au premier chef. Je puis répondre, sans me compromettre, *oui* et *non*.

Je le sais, parce que l'auteur — un latteur, et c'est pour cela qu'il m'a plu — m'a demandé de vouloir bien mettre quelques pages en avant de ses élucubrations. Je me suis dit : ce sera le cas d'en placer des miennes ! Mais, lui ai-je dit, je commencerai :

« Ce livre est étrange, bizarre, insensé. »

Le lecteur — si l'auteur et moi en avons — peut voir que j'ai tenu parole !

Je ne le sais pas, parce qu'enfin, quand on a — ai-je dit que j'avais ? — sur un livre une semblable opinion, on a le droit et le devoir de se dispenser de l'émettre. C'est vrai. Mais ce que j'en ai fait, c'est pour habituer l'auteur, qui sait qu'on *éreintera* son livre, à ne pas s'étonner d'une telle appréciation. Et cette appréciation est fatale : comment voulez-vous qu'on aime un monsieur venant vous démontrer qu'ici-bas il faut être posé en toute chose ! Alors, autant ne pas être ! La vie n'est déjà pas si drôle, et, si on ne l'émaille de rien de gai, il vaut mieux la supprimer.

Et puis, je lui reproche encore à l'auteur — autant que ce soit moi qu'un autre qui lui fasse des reproches — de n'être pas assez scientifique. « Telle chose est parce que... » : mais tout le monde demandera des preuves. Quelques consciences timorées croiront se reconnaître à certains portraits, et peut-être ne sera-ce pas les plus coupables ! Celles-ci riront et hausseront dédaigneusement les épaules.

. .

Ne peut jamais être aimé le moraliste austère qui vient fustiger nos vices, découvrir nos fléaux, porter le fer rouge sur nos plaies vives :

> Et c'est une folie à nulle autre seconde
> De vouloir se mêler de corriger le monde.

Molière l'a dit sous le grand roi, au grand siècle, et c'est encore vrai aujourd'hui :

> Il faut parmi le monde une vertu traitable.
> A force de sagesse on peut être blâmable.

De plus en plus vrai !

La parfaite raison fuit toute extrémité
Et veut que l'on soit sage avec sobriété.

Voilà un précepte qu'oublie M. Noé ! Il lui en coûtera probablement. D'ailleurs la morale n'a jamais corrigé personne ; j'allais dire au contraire, mais je m'arrête, car ce serait un paradoxe ajouté à ceux de l'auteur, et Dieu sait qu'ils sont nombreux déjà !

La Nature outragée, violée de mille et mille façons, voilà l'ennemi. Tel est le cri d'alarme poussé dans ce livre. Mais qu'est-ce que la Nature ? Quelles sont ses lois ? En a-t-elle ? Ne se montre-t-elle pas souvent nerveuse, fantasque comme un enfant que l'on a habitué à satisfaire tous ses caprices ! Elle est vieille, la Nature, très vieille même ; elle est peut-être en enfance, et ses monstruosités sont des arrêts, des paralysies momentanées qui l'étreignent.

Est-ce un être impersonnel ?

Est-ce quelqu'un ?

Est-ce quelque chose ?

L'hypothèse Dieu ne semble pas plus utile à

M. Noé qu'au grand Laplace. C'est un point de
commun avec le génie. Des esprits malintentionnés
pourraient dire que ce dernier a aussi des con-
nexions avec la folie, mais, voyant que je l'ai dit,
ils n'oseront pas proférer une telle insulte, de
peur d'être taxés de plagiat. Et j'aurais ainsi par
ce trait d'esprit — en est-ce bien un ? — sauvé mon
auteur d'une appellation pour le moins bizarre !

Si je revenais à mes questions sur la nature.

Qui peut se vanter de connaître ses lois, son
essence, son gouvernement... ? La science, si
complète soit-elle, pourrait peut-être en avoir la
prétention ; mais elle ne l'a que... pour rejeter les
nouvelles inventions, prétendant qu'elles sont
impossibles parce qu'elles contrarient les lois de
la nature ! Et cela n'empêche nullement les chemins de fer d'aller, de dérailler même ou d'ins-
pirer M. Zola ! Le phonographe continue à ne
rien devoir à la ventriloquie, quoi qu'en puisse
penser feu Bouillaud, académicien de son vivant !
L'hypnotisme vogue à pleines voiles dans l'in-
connu, malgré le mépris officiel d'antan !...

.·.

Il est certain qu'en haut lieu les théories de
M. Noé — ingénieuses vues de l'esprit — no

seront pas écoutées. Il est certain que, dans des sphères plus modestes, il en sera de même. Et il y a à cela d'excellentes raisons, outre celles données déjà sur l'importunité de la sagesse : très lyriques, ces théories, mais elles ne sont ni démontrées, ni démontrables. Elles ne s'appuient souvent sur rien. Il est vrai que d'autres fois la plus saine raison en fait reconnaître l'exacte vérité. Il est aussi facile de les nier que de les admettre. La preuve est presque toujours impossible, mais souvent admissible par intuition. Tout le monde a et peut avoir raison en ces sortes de choses. M. Noé peut dire avec autorité : « Cela est, parce que cela est ; que je l'aie rêvé ou trouvé, peu vous importe, démontrez-moi le contraire ; » et le contraire est aussi impossible à vérifier que l'affirmation première. Nous avons d'ailleurs le tort en France d'être trop difficiles en matière scientifique. Ce n'est pas en Amérique qu'on se laisse arrêter par des opinions ou des faits *abracadabrants* ; au besoin on y prépare les esprits par des romans. Oyez plutôt.

Un récent roman américain parle d'une opération chirurgicale remarquable et qui deviendra peut-être possible un jour. Libre aux ignorants de s'esclaffer et de railler. Supposons admises les localisations cérébrales, c'est-à-dire la concentration de nos facultés en des points bien déterminés du cerveau. L'auteur du roman en question (1) l'admet. Un médecin enlève la mémoire en aplatissant une partie de la boîte cranienne, celle correspondant à cette faculté ; la femme à qui il fait cette opération — une vicieuse — oublie toute sa vie passée, jusqu'à son nom. Elle rajeunit même : le temps ne marquerait donc son empreinte sur nous qu'en raison de l'expérience et des traces qu'il laisse en notre mémoire. L'idée est ingénieuse, elle a cela de commun avec bien des remarques de M. Noé. Notre belle jeune fille devient une merveille de vertu et se marie. Pendant la traversée, elle perd la vue, et on l'opère à Paris : on redresse la partie de la voûte cranienne enfoncée et on lui rend la vue... et la mémoire. De là des scènes bizarres et l'opérée meurt... pour le bon dénouement du roman.

Voilà la science de l'avenir trouvée par l'imagination des littérateurs.

Jules Verne opère de même en France. Cyrano de Bergerac — avec ses ennuyeux romans — l'a devancé au temps de Louis XIV : il avait prévu les ballons.

Qui nous dit que M. Noé — qui fait peut-être

_____

(1) *Revue Bleue*, 23 août 1890.

du roman sans le savoir, ou de la science en la présentant d'une façon bizarre — n'est pas aussi un précurseur? Quant à présent, le plus grand nombre de ses affirmations est, en ce moment, impossible à démontrer.

On tourne dans un cercle vicieux, — doublement, car on est plongé en plein vice. — Aux esprits d'élite à en sortir ! Il y a une pierre précieuse, entourée de gangue épaisse ; la pierre est peut-être très petite, mais c'est là une excellente raison pour qu'elle ait une grande valeur; mais il faut l'extraire de ce livre. Pour cela, il importe de le lire consciencieusement, et cela est relativement facile, car on y est attiré par la drôlerie des idées, la forme lyrique et élégante qui les enchâsse, et la clarté du style. Ce sont là de réels et indiscutables attraits.

La vertu à outrance, encore la vertu et toujours la vertu, telle est la maxime qui s'exhale de l'ouvrage. Par ce côté, mais par celui-là seulement, l'auteur a du Mage, ce sage antique ! Il dédaigne la fortune, c'est encore un point commun. L'Initié d'antan veut faire profiter son prochain de ce qu'il a comme fortune; mais la science, souvent il la garde précieusement enfouie dans les arcanes de son cerveau! M. Noé ne tient pas du Mage par ce côté, car il veut initier tout et tous à ses idées qui tiennent du... *Merveilleux* par leur forme étrange, enveloppante et nébuleuse. Il est parfois aussi difficile à admettre dans ses conceptions que le sont à comprendre pour les non-initiés les mystères des sciences occultes. Aussi pouvait-il et devait-il obtenir la faveur d'être édité par la *Librairie du Merveilleux*, quoiqu'il sorte pas mal de son cadre, au moins par les phénomènes, sinon par le désir d'être utile à ses semblables, le but le plus noble entre tous!

RAOUL DES AJONCS.

LES OUTRAGES A LA NATURE

ET

LEUR CONSÉQUENCE

Dans la création, nous ne distinguons, souvent, que le fait en lui-même, ramené à la simple opération d'engendrer. De même que, dans le fruit de cet acte, nous ne constatons qu'un résultat acquis, sans nous préoccuper de la cause qui en dérive, c'est-à-dire sans nous inquiéter du but dépassé, ni de celui à atteindre.

Cette impardonnable indifférence doit porter une grande responsabilité et devenir, par la suite, la source de bien des chagrins.

Tel enfant, conçu dans de déplorables conditions, trainera toute une existence de misères et de tourments.

Tel autre, dévié de la route que lui indique son origine, s'égarera dans la vie, et, frappant à toutes les portes, il ne saura, pourtant, trouver asile.

C'est afin d'indiquer le remède à ce mal que j'ai chargé sur mes épaules une lourde croix à porter sur un nouveau calvaire, et j'ai l'espoir de ne pas faiblir en chemin, soutenu que je suis par la foi des martyrs, qui brave les menaces et jette en même temps le défi aux Hérodes !

J'ai déjà franchi une partie de la route. Je m'élance vers l'autre, guidé par l'amour de mes semblables.

Dans cette œuvre, modeste en la forme, je déchirerai le voile qui cache à nos yeux la cause des calamités déchaînées sur la créature.

Des Fièvres.

Je commence la pénible montée du calvaire, et, m'adressant à ces gens toujours affligés d'indispositions qualifiées *fièvres*, je leur pose la question suivante :

Cette faiblesse qui précède l'indisposition ne viendrait-elle pas d'un abus ?

Je remarque sur vos traits étirés des traces de débauche.

La nuit, et aussi le jour, avant l'atteinte fiévreuse, comment les avez-vous accomplis ?

Je n'attendrai pas votre réponse, car c'est moi qui vais rappeler vos souvenirs.

A peine aviez-vous quitté la couche, habituellement transformée en champ de lutte, que déjà votre imagination surexcitée aspirait au moment d'y revenir, et, trouvant trop long un temps qui exigeait un meilleur emploi, vous l'avez sacrifié à des plaisirs contre nature, lorsque, aiguillonné par des aliments choisis, vous ne vous êtes même pas donné la peine de terminer ces mets pour obéir au besoin bestial qui en est résulté.

Je dois vous le dire, afin de ne plus vous entendre accuser de vos souffrances : l'humidité de l'appartement, les courants d'air, le bruit du dehors, la mauvaise boisson, et enfin, pour vous voir abandonner la commode excuse de vos propres fautes, en les mettant sur le compte d'autrui.

Ces fautes, que vous croyez cachées, apparaissent au grand jour à celui qui a reçu mission de la mère outragée, de faire cesser ces outrages.

Examinez la trace bleuâtre qui cercle vos yeux, comme l'anneau de fer enchaîne le coupable.

D'où vient-elle ?

Eh, mon Dieu ! elle précède la faiblesse dont j'ai parlé, arrivant après l'envahissement de la *glande lacrymale*, par un liquide habituellement épuré, qui est entré en corruption à chaque frénésie vénérienne.

Ce petit inconvénient est bien loin de celui qu'a produit, d'un autre côté, l'acte frénétique ; car il a décomposé, à chaque pollution, le contenu de la vésicule biliaire, chargée de fournir au diaphragme la bile indispensable que celui-ci dirige à travers le foie, pour aboutir en quantité déterminée à la chaudière destinée à la cuisson des aliments, où elle apporte une activité nouvelle d'ébullition, jusqu'au moment de la descente de l'amalgame dans le pylore.

A cette descente s'ajoute celle d'accessoires corrompus qui n'ont pu être distillés par l'ébullition, et qui, parvenus au cylindrage duodénal, sont rejetés, dans cette opération, et conduits à celle du diaphragme, agissant en qualité de dépurateur.

La membrane, impuissante à dissoudre ces âcretés, les conserve jusqu'à ce que, entièrement corrompues, elles aillent empoisonner la majeure partie du thorax, et créer dans le liquide décomposé la masse d'animalcules qui défiera la quinine et déterminera les frissons : *tierces, quartes, hebdomadaires,* etc., dont l'activité et l'intermittence proviennent de l'action absorbante qu'opèrent les animalcules, en dissolvant dans cette absorption le sang emprunté à l'épiderme et qu'elle lui rend échauffé et décomposé.

C'est ce qui explique l'accélération du pouls et l'augmentation de la chaleur animale, alternant avec les frissons, qui se manifestent intermittents et tierces, dans certaines fièvres dépendant d'une affection *abdominale* ou *thoracique*; quartes dans celles affectant les *régions lombaires*;

Hebdomadaires, dans des atteintes ayant leur siège au *cerveau*;

Décimales et autres, dans bien des cas trop longs à définir et qui ne peuvent trouver place dans le cadre restreint de cet ouvrage.

Ces différentes atteintes, dirai-je périodiques, prennent leur source dans ce fait que les animalcules, bien qu'issus de corruption, ne s'abreuvent que de sang épuré, attendant cette épuration deux, trois, quatre et même plusieurs jours, suivant le genre d'affection, qui oppose une plus ou moins longue résistance à l'action dépurative du cœur.

Ce sont là les fièvres résultant d'*abus génésiques*.

FIÈVRES MUQUEUSES

Je néglige celles des enfants. J'expliquerai dans des circonstances propices ces fièvres : *atmosphériques*, *laiteuses*, *débiles*, etc.

J'atteins ces malheureuses muqueuses.

D'où peut provenir cette étonnante fièvre qui ne laisse ni trêve ni repos à ses victimes ?

Je chercherais en vain, ailleurs que dans notre organisme, pareil coupable.

Dans le rouage des machines, des proposés à leur conservation de même qu'à leur bon fonctionnement, par des graissages intelligents, les préservent également de la crasse appelée *cambouis*.

Eh bien ! mais les organes sont les rouages de la machine humaine ; et lorsque les préposés à leur bon fonctionnement c'est-à-dire les conduits désignés dans l'anatomie au chapitre des muqueuses, fournissent à ces organes des huilages encrassés ou trop abondants, il y a dérangement dans la fonction organique.

Comment cette abondance ou cette lamentable crasse a-t-elle pu se produire ?

Je n'ai qu'à consulter votre pouls pour en découvrir l'origine.

Dans ses multiples battements, le cœur, organe de dépuration, repousse une invasion corrompue que lui fournit le liquide sanguin, soumis à son laboratoire de clarification.

Cette invasion anormale dérive nécessairement de causes inattendues.

Quelles sont ces causes ?

Les voici ! Le *Minotaure*, enfermé dans le labyrinthe de Crète, dévorait, dit-on, des adolescents, touchante allégorie du cas qui nous occupe.

L'*onanisme*, ce Minotaure de nos jours, dévore littéralement, c'est le mot, la nature humaine, en créant dans nos organes un principe débilitant, qui se traduit d'une manière désastreuse, et sous toutes les formes.

Une de celles-ci a surtout l'étrange propriété d'encrasser celui des organes ayant le principal rôle dans le mouvement de la machine, autrement dit le *cœur*.

Cet agent reçoit constamment un afflux de liquides dépendant des aliments triturés et pressurés, ainsi que je l'ai dit, dans le duodénum.

Ces liquides apportent généralement des accessoires de force, mais il en est un qui, sous l'action de l'onanisme, ne contient que corruption. Celui-là, c'est la *bile*.

Cette bile, d'où découle-t-elle ?

Galien l'a dit, et je convie tous les savants à la recherche d'arguments, introuvables jusqu'ici, pour réfuter son hypothèse.

Ce liquide est absolument identique à ceux dépendant de l'opération chimique digestive ; vérité justifiée plus loin, et confirmée déjà, par les résidus recueillis dans les glandes salivaires et dans les cellules épithéliales du foie, agents laborieux et non producteurs, qui en détiennent la trace.

Quoi de plus simple, dès lors, que d'attribuer son origine au produit de la mastication, ainsi que le démontre, du reste, l'analyse de ses divers produits ; analyse qui ne donne des gages certains que secondée par la densité de l'air, épurée de toute influence délétère, agissant sur l'agent oléagineux, ou extrait des matières grasses triturées dans la panse stomacale ; influence qui déconcerte le chimiste, et affecte cette substance constituant la partie bilieuse appelée à faire retour à la mastication, après avoir déposé dans le cœur celle convertie en liquide rouge ou sanguin ; qui doit servir de véhicule à la force animale sous des affinités ferrugineuses, affinités flanquées d'une matière spongieuse adhérente à la bile et destinée à coordonner l'ensemble des divers fruits de la mastication digérée.

Cette espèce d'éponge absorbe l'acidité et accompagne le liquide bilieux supplémentaire, dirigé vers la bourse minuscule ou *vésicule biliaire*, le clarifie et le dépouille de sa couleur rouge, en déversant dans le petit récipient sa propriété dissolvante, connue en anatomie sous le nom de *sérum du sang*.

A son tour, ce réservoir délicat laisse couler goutte à goutte, dans le *diaphragme*, une partie de son contenu, comblé à chaque fonction distributive du cœur.

Le diaphragme, à l'aide de légères contractions, chasse et conduit ce liquide gluant dans cette autre bourse, soumise au laborieux travail qui consiste à compléter le broiement des aliments mastiqués et à déterminer leur mise en pâte, travail facilité et activé à l'arrivée du liquide bilieux humectant, dirigé dans sa marche à travers le *foie*, qui en garde certaine partie, déversée ensuite dans le duodénum.

C'est là que cette bile est convertie en cet écoulement qui va rejoindre la glande salivaire, et dont l'excédent est précipité dans l'abdomen à chaque mouvement du conducteur spécial.

La *glande salivaire* détient, par conséquent, la cause originaire de la production du sang.

Cette cause a des conséquences de certaine nature.

Ainsi, par exemple, lorsque des abus quelconques, ou bien des chagrins, cet abus de la pensée, dont le danger est signalé par cet avertissement vulgaire : « ne vous faites pas de bile », viennent augmenter la production bilieuse, il y a surabondance de ce liquide, dépassant alors et le but déterminé dans son emploi, et l'œuvre à accomplir pour la clarification. Il en résulte une corruption qui circule du cœur à la glande salivaire et *vice versa*, nous permettant de consulter le *thermomètre* de la santé, constitué par l'appendice buccal, qui fait office de tube, et la bile de mercure, gradué par les pulsations, ramenées à leur état normal au retour du liquide à son niveau, soit à la clarification.

Les différentes fluctuations du mercure animal doivent nous guider dans les diagnostics afférents aux fièvres, les battements du cœur n'étant que les subordonnés de ce liquide.

FIÈVRE CÉRÉBRALE

Entrons dans ces cerveaux en ébullition, pour y découvrir la cause qui provoque ces divagations de langage pendant que la fièvre cérébrale accomplit son œuvre.

Je suis obligé de remonter à la période d'incubation de la maladie, afin d'en suivre les différentes phases.

Le pauvre récolte un peu partout les aliments indispensables à sa subsistance, sans s'inquiéter, comme fait le riche, de leur origine, ne considérant, en réalité, que la modicité de leur prix.

Dans le nombre de ceux que j'appellerai des détritus de marché, figure l'immonde tripaille, astucieusement offerte à la consommation sous le nom rassurant de *gras double* : refuge de toutes les atteintes morbides des animaux, jusques et y compris la calamité qui avait motivé une réunion de savants et qui continue à les braver, n'ayant encore livré à leurs investigations que sa qualification de *phtisie*.

Lorsque ces rognures d'animaux proviennent de ceux atteints de cette affection, et le cas est beaucoup plus fréquent qu'on ne suppose, les entozoaires échappés à la destruction, dans une ébullition insuffisante quant à sa durée, dirigent leurs attaques de l'intestin grêle au cerveau, et font l'office, arrivés dans cet organe, de claviers dérangés dans leur harmonie, disparaissent en déjections, entraînés par la descente d'humeurs que provoquent ou le temps ou certains médicaments, et sont impuissants à créer, contrairement à l'absurde supposition de quelques savants, la maladie qui les a fait éclore ; obéissant en cela aux exigences de la nature, qui a décidé cette loi immuable, à savoir, que le fils n'engendrerait jamais le père.

Par conséquent, il faut abandonner l'erreur, acceptée par l'ignorance et propagée par l'ambition, et déclarer que les animalcules ne sauraient supporter la responsabilité, dite *pathogène*, de l'affection qui les a motivés.

FIÈVRE TYPHOÏDE

Je vais attaquer, comme on dit, le bélier par les cornes, ou, si l'on veut, je franchirai la barrière opposée aux profanes, et je pénétrerai dans ce sanctuaire, gardé par la pourpre académique (1), repoussant même celui qui frappe au nom de l'humanité ; ce sanctuaire dédaignant toute communication faite en dehors de ses membres, contempteurs du savoir acquis par d'autres moyens que ceux soumis à leur contrôle.

Cependant, après avoir beaucoup appris, il nous reste aussi beaucoup à apprendre, vérité que semblent oublier au sein de leur grandeur les dispensateurs du pouvoir médical d'aujourd'hui.

Animé d'intentions généreuses, j'offrais à ces potentats des découvertes destinées à éclaircir bien des mystères, et cela, dis-je, dépourvu de toute ambition.

Un seul, celui des savants qui porte haut le drapeau scientifique français, a daigné m'accuser réception de mes aspirations ; mais, circonvenu sans doute, il a décidé, d'accord avec les autres, d'étouffer dans son embryon une gloire naissante venant, en nouvel *Hérodote*, rétablir la vérité sur l'histoire de la médecine, et encore rétablir

(1) Travaux du docteur Dieulafoy.

la méthode de son enseignement, faussée par des ignorants.

Un pareil langage suppose une constitution en colosse de Rhodes pour supporter les coups, et la force de l'athlète de Crotone pour y répondre.

Je possède ces deux avantages, et pourra bien ergoter qui voudra, sans diminuer d'un pouce ma taille et d'un atome ma vigueur.

Je vais immédiatement fournir la preuve de ce que j'avance.

Prenant en mains l'arme ou la massue du nom de *typhoïde*, je porterai de redoutables coups à la science moderne, qui, toujours présomptueuse, se figure être à son sommet lorsqu'elle est arrivée à définir faussement des calamités qui nous déciment malgré elle. Telle l'affection déférée à la race humaine et animale: la *fièvre typhoïde*.

Je dois faire ici une digression et descendre à l'étude de la nature animale. En la subordonnant à notre commodité, nous enfreignons des lois sacrées qui veulent l'exécution immuable de sa reproduction.

Quand l'animal séquestré et attaché se sent appelé à obéir aux lois dont je parle, par l'attrait que la nature a prêté à certaines émanations, il arrive que l'impuissant éprouve, par cet obstacle opposé à sa liberté, le désir immodéré, alors, de la chose défendue et qui s'accomplit au détriment des organes générateurs et intérieurement.

A la longue, cette fâcheuse contribution imposée à tout mâle et exigée de la femelle, sous d'autres attributs, produit l'état d'hébétude constaté par les chasseurs sur leur chienne, après le deuxième empêchement de fécondation infligé à cette utile, fidèle et méconnue amie.

Cette hébétude n'est autre chose que le précurseur de la fièvre typhoïde animale, mortelle dans le cas où des remèdes administrés inintelligemment entrainent l'anéantissement du sujet, tandis que cette fièvre disparaîtrait d'elle-même.

Quelle cause a provoqué l'anéantissement?

Elle est bien simple à dévoiler.

La maladie, prenant sa source dans les organes destinés à la procréation (et nous arriverons à expliquer ce phénomène chez l'homme), suit, en corruption typhoïde, une marche impérieuse, atteignant les différents organes, et complètement dirigée vers le cœur dès qu'elle est contrariée dans sa marche et déviée de sa direction par tout agent *coercitif*.

Il y a alors étouffement, dans la majeure partie des cas, de l'organe contribuant, dans la plus délicate et la plus étendue proportion, au mouvement organique et partant vital.

Il s'ensuit, de même, cette anomalie du cerveau agissant en dehors de tout concours animal et laissant supposer un reste de vitalité, disparu en réalité en même temps que se produisait l'envahissement du cœur.

Voilà d'où provient l'anéantissement.

Je me permettrai de demander aux praticiens

si ce prodrome ne précède pas la fin du malade, et si cette constatation a jamais été faite sur le sujet échappé à la fièvre typhoïde.

Je remonte à l'étude de cette maladie chez l'homme.

Que vois-je dans ce corps agité fiévreusement?

Des contractions dépendant de causes absolument identiques à celles constatées dans l'*anémie*, dont je flagellerai l'origine.

Mais, alors, cette affection dite typhoïde aurait un point de départ tout au moins semblable?

Pour nous en assurer, et je dirai même convaincre, je vais étudier les phénomènes relatifs aux *abus lascifs*.

Cet acte si doux à bien des titres, auquel le Créateur a concédé la plus importante des fonctions humaines, c'est-à-dire le soin de reproduire son image, et que nous appelons *coït*, devient le berceau de nos infortunes, lorsque, par faiblesse ou indignité, nous le faisons descendre à constituer la grossière satisfaction d'un acte débauché.

Il en découle d'abord une faiblesse organique, ensuite une insuffisance de force répulsive pour faciliter au liquide sanguin l'expulsion des âcretés, qui, dès lors, envahissent l'ensemble de la circulation, deviennent un obstacle à l'élasticité des nerfs agités dans la fonction de conducteurs de la sensibilité et qui s'irritent au fur et à mesure de l'envahissement sanguin.

Si la calamité était à son terme, il y aurait

lieu tout bonnement d'amener petit à petit la clarification du sang, à l'aide de végétaux choisis parmi les herbacés à fruits *conoïdes*, c'est-à-dire en employant la décoction de feuilles de *figuier* et d'*églantier*, de préférence à l'usage d'agents thérapeutiques, le plus souvent vantés par intérêt.

Cette décoction agit efficacement sur la bile. Expérience facile à contrôler, et de laquelle ressortira la découverte d'un agent précieux et la confirmation de cette vérité : que de même, pour les animaux, il faut recourir aux plantes, et jamais aux minéraux, pour combatre une indisposition quelconque. Exemple qui nous est offert par la sagacité des animaux eux-mêmes.

Je reprends le fil de mon argumentation, et je reviens à ces abus et à leur conséquence.

A force de fournir plus qu'ils ne doivent, les organes dispensateurs de la créature contractent une irritation définie en *pertes séminales*. Le surplus du réservoir, ou plutôt ce qu'il en reste, se corrompt et disparait en suivant la marche et soumis aux mêmes effets que chez l'animal, conséquemment entraine la stupeur, l'abattement physique, la dépression intellectuelle, etc., apparents au passage de la corruption, dans les différents organes détenteurs de ces symptômes.

J'ouvre une parenthèse et je la comble en affirmant les pertes séminales dans la fièvre typhoïde. Mot banal, par son emploi généralisé et attribué, à tort et à travers, à toute fièvre pernicieuse.

FIÈVRE DIARRHÉIQUE OU DES CAMPS

Il faut bien s'occuper de ces enfants, appelés à défendre leur mère, la patrie, éloignés de son sein, combattant pour des idées généralement rétrogrades, et ne rapportant souvent de ces exploits lointains qu'une gloire éphémère, achetée au prix élevé de la mutilation ;

Ces héros, car ils le sont tous, ceux qui, dédaigneux de leur existence, la sacrifient généreusement au triomphe de combinaisons toujours déguisées et que, dans leur sublime élan, ils ne sauraient supposer égoïstes et quelquefois barbares ;

Ces héros, ai-je dit, cherchent bien péniblement le moyen de subsister. Celui qui les a lancés dans cette vaste arène, c'est-à-dire l'Etat, se préoccupe, il est vrai, de suppléer aux difficultés devenues impérieuses de cette subsistance, en faisant suivre les armées par des provisions de bouche ; malheureusement ces provisions sont, la plupart du temps, défectueuses.

Je ne parlerai pas du biscuit, suffisamment analysé par ses habitants animés, qui en indiquent le degré de corruption, mélangée en bouillie, ou, suivant l'expression des zouaves, en *turlutine*, à ces autres corrompus azotés, les grains du riz.

J'ai hâte d'arriver au fruit bienfaisant du cafier,

transformé en véhicule de la fièvre dite des *camps* ou *diarrhéique*, par son usage immodéré.

Cette graine renferme dans son enveloppe des principes fortifiants et dépuratifs, à la condition exigée, dans tous les cas semblables, de proportionner le bienfait.

Pris avec modération, le café communique au sang sa propriété fortifiante et agit sur les humeurs par son action dépurative. Mais il devient pernicieux lorsque la dose absorbée dans l'espace de vingt-quatre heures dépasse la quantité de *deux décilitres* environ, et que, par une économie mal entendue, on mélange à son infusion celle du détritus épuisé et nuisible, le *marc*.

La fièvre des camps n'a pas d'autre cause.

La quantité exagérée de café que le soldat absorbe en campagne, où ce liquide de préparation rapide constitue la majeure partie de sa nourriture, détermine la faiblesse de certains organes, qui, privés par cette faiblesse de la puissance de répulsion qui leur est indispensable, ne peuvent alors se débarrasser des humeurs, dont l'abondance entraine les molécules du café, devenues impuissantes à les dépurer, les amalgame avec elle, par conséquent les corrompt, et paralyse ainsi l'action fortifiante et dépurative que renferme, presque dans son entier, la graine torréfiée du cafier. La digestion ne rend, dans ce cas, aux intestins, que la faible partie de l'excédent, réduit à l'état de résidu calciné.

C'est à ce résidu qu'il faut attribuer l'échauffement des intestins et la cause de la présence de la fièvre diarrhéique.

Il serait prudent de laisser au café sa propriété d'agent thérapeutique, à employer pendant quarante ou cinquante jours, à la fin des chaleurs, pour réparer la déperdition de nos forces, et de le repousser de l'alimentation le reste du temps, car son usage abusif peut déterminer à la longue un état physique tenant le milieu entre la *béatitude* et l'*hébétement*.

FIÈVRES CHARBONNEUSES ET VARIOLE

Je vais entrer dans un ordre d'idées effleurées jusqu'ici, et définir la corrélation existant entre l'animal et l'homme.

Depuis Darwin, et jusqu'à la gloire du grand Littré, une erreur absolument étrange a donné naissance à la cohorte des matérialistes ; tellement, il est vrai, que la science et la raison diffèrent essentiellement l'une de l'autre ; car ces puissants génies, dont l'humanité est fière, n'ont pas su découvrir dans leur immense érudition que la *sélection*, ou ce hasard moléculaire, était impuissante à établir les merveilleuses différences des sexes, la majesté et la dignité, ces marques distinctives chez l'homme. De même qu'elle ne pouvait doter l'animal difforme et si utile, le chameau, de deux facultés précieuses, indispensables à sa mission : la sobriété, qui lui permet d'affronter les déserts arides, sans boire ni manger pendant neuf jours, et la forme exceptionnelle de son pied, pour franchir à l'aise cette route spongieuse.

Je pourrais citer nombre de cas où apparaît comme l'expression la plus haute la puissance créatrice qui a présidé au chef-d'œuvre de la nature, et qui ne saurait être celle du hasard ; mais pareil emploi d'un temps bien précieux ne compenserait en aucune façon celui que je me suis imposé.

J'arrive donc aux *fièvres charbonneuses*, tel est mon but.

Dans les champs, où paissent d'ordinaire d'innombrables troupeaux, des déjections abondantes jonchent le sol, imprégné du liquide ; économie agricole mal entendue, car elle prend en mortalité d'animaux cent fois la valeur des produits de ce sol, augmentés par cet engrais.

Examinons, au point de vue chimique, la conséquence des émanations, contre celles répandues à l'entour, par des plantes odoriférantes ou des arbustes.

En chimie, les corps se combinent en raison de leur affinité moléculaire, et en raison aussi de leur consistance ; d'où résultent des agents qui diffèrent souvent de consistance et qui sont toujours unis par l'affinité.

Dans celles émanant, d'une part, des déjections

animales, et, d'autre part, échappées à la sève qui tient lieu de liquide sanguin à tout végétal, il arrive des phénomènes dénaturant l'affinité, qui s'unit alors par contraste ou ce qui revient à dire par inversion.

Je dois, ici, une explication.

La nature des êtres organisés dépend d'un phénomène étrange; il se produit à la création de cette nature, et procède d'influences atmosphériques instantanées.

La matière est poussée, dans ces circonstances, vers celui des agents destiné à la combattre, éprouvant déjà les effets de la loi naturelle destructive qui doit tôt ou tard l'anéantir.

Pour l'homme, l'adversaire opposé à sa nature provient de la différence des climats, établie par des courants atmosphériques variables et contraires, dont la sensibilité est constatée par la variété de la forme et le changement de tissu de nos vêtements.

Cette constatation est évidemment banale ; mais elle a une si grande importance dans le sujet de ma découverte, que je demande la permission de m'y arrêter.

D'où vient que dans certains climats un surcroît de vêtements est jugé indispensable ?

La chimie nous l'explique. Elle permet de constater l'opposition des courants atmosphériques à cet agent déterminé par la chaleur animale, et qui, impuissant à éviter ses coups, cherche à les parer par des moyens efficaces.

Prenons maintenant l'agent inverse. Il arrive contre nous, armé du dard brûlant, ou ardeur du soleil. Aussitôt nous lui opposons soit des réfrigérants, soit une diminution d'enveloppe, mais trop tard, dans les deux cas, pour échapper à ses atteintes.

Dans le premier cas, c'est-à-dire sous une influence atmosphérique basse, ce destructeur de la chose créée agit en corrupteur. Il apporte dans nos tissus cellulaires des émanations dépendant de corruption absorbée à son passage dans des cavités ou fosses corrompues par son subordonné, la chaleur de l'été.

Ces émanations pénètrent par les pores de l'épiderme et vont se confondre avec la bile amassée dans les poumons, en suite d'*abus génésiques*, d'*onanisme*, de *fausses digestions*, d'abus d'*aliments farineux*, de *boissons alcooliques*, du *tabac*, — cet agent spécialement dangereux, et cependant, le dirai-je ? indispensable à la consolation de la misère du pauvre — d'où naît la série d'affections, les unes insignifiantes, comme la *bronchite*, les autres à redouter, lorsque ce foyer corrompu communique son incandescence aux parois de la poitrine, où il détermine ce que nous désignons par *pneumonie*.

Cette définition, qui va être controversée, sans doute, sera défendue par ce dicton vulgaire, employé par tout malade répondant à la demande de son indisposition : « J'ai dû prendre froid. »

Passons à l'autre cas.

Le dard enflammé pénètre jusqu'à celui des organes qui accomplit la fonction appelée digestion. Il apporte nécessairement , dans cette ébullition, des effluves surchauffées et augmente, par conséquent, le degré de température qui consume, alors, au lieu de manipuler et procéder à leur distillation, les aliments mastiqués. Par suite, manque de principes nutritifs ; diminution considérable de force physique, et conséquence : accessibilité à toute affection.

Je n'ai pas la prétention d'avoir fait miracle dans cette dernière constatation ; car chacun de nous a éprouvé, à la fin des chaleurs, la faiblesse dont je parle. J'ai tout bonnement indiqué son origine.

Retournons maintenant à nos troupeaux.

La nature, en mère équitable, répartit ses dons, en tenant compte de l'aptitude et de l'intelligence de chacune de ses créatures.

C'est ainsi qu'elle a jugé inutile de fournir à l'homme des moyens naturels de conservation, suffisamment indiqués à son intelligence exceptionnelle. Mais, pour contrebalancer une infériorité indispensable à constituer l'harmonie qui règne dans un ensemble de choses subordonnées les unes aux autres, cette mère a cherché à égaliser les bienfaits.

Le mouton est pourvu d'une enveloppe qui le garantit contre ces influences atmosphériques dépendant de la saison froide, et contre celles d'un soleil ardent, durant l'été.

La tonte complète de ces animaux est donc une indignité, car elle les livre aux intempéries des deux saisons, ces germes de la *fièvre charbonneuse*, créés chez l'homme par l'absence ou la surabondance de vêtements.

La tonte des moutons devrait être limitée à certaines parties du corps.

Les paysans des Pyrénées, savants par tradition, nous indiquent ces distinctions, en conservant à l'animal la laine qui couvre la *tête*, l'*épine dorsale* et la *queue*.

Savante précaution, qui chasse de ces contrées la clavelée, maladie si préjudiciable au producteur, et qu'il serait si facile d'éviter.

Je sais bien que MM. les vétérinaires, instruits dans une fausse théorie de l'agriculture, vont crier à l'imposture.

À ceux-là je leur réserve la définition de la *morve* et de son auteur le *farcin*, et je poursuis mon chemin.

L'intelligente précaution indiquée plus haut garantit et le cerveau et la moelle épinière contre, d'abord, des courants froids corrompus; ensuite, elle met l'animal à l'abri de cette désorganisation digestive signalée chez l'homme. Ce qui revient à dire qu'à défaut de ce moyen de préservation, les émanations, dont j'ai expliqué la composition chimique, pénètrent dans l'organisme des animaux et y constituent le germe du *charbon*.

Ce germe est développé dans l'accouplement déréglé, exigé de ce défi à la nature, qui brave d'immuables lois, dans un but de lucre, ou bien, montant plus haut, dans cet abandon de notre dignité, qui disparait, alors, dans la débauche.

Les excès, de quelque nature qu'ils soient, contrarient la fonction admirablement réglée de la matière — peut-être intelligente? — on le croirait, du moins, tellement cette fonction s'accomplit avec prévoyance et régularité.

Le charbon, ou, si l'on veut, la fièvre charbonneuse, définie chez l'animal par des pustules abdominales, et chez l'homme par cette épouvantable calamité, la *variole*, se déclare dans les troupeaux qui paissent dans les vallées voisines de massifs boisés de pins.

Chez l'homme, elle prend sa source au souffle infect de ces égouts, dont la bouche déverse son poison au grand air.

Dans le premier cas, c'est-à-dire pour les animaux, des courants atmosphériques descendent au crépuscule dans ces vallées, saturés d'émanations odoriférantes, qu'ils puisent aux pinières, et les déposent au passage, sur les brins d'herbe destinés à la nourriture des animaux.

Ces émanations contiennent des principes chimiques absorbants et s'emparent de la sève des herbacés ; décomposant, en même temps, l'air ambiant.

Ce mélange représente des conditions corruptrices, en raison de ce fait que l'émanation d'un végétal en exprime la décomposition ; exemple fourni par les fleurs, qui sèchent, après avoir donné à notre sens le plus délicat — l'odorat — leur suave et bien trompeuse sensation.

Cette décomposition, introduite par l'ingestion, va corrompre la bile indispensable à la trituration des aliments mastiqués ; d'où résulte nécessairement une fermentation digestive qui conduit sa déplorable action au cœur, chargé d'éliminer les impuretés que lui apporte journellement la digestion.

Impuissant à cette besogne trop considérable, le cœur la confie, à son tour, à la membrane méconnue en anatomie, le *diaphragme*, qui, lui-même, sans moyens efficaces pour accomplir ce labeur, y renonce, et chasse dans le thorax l'impureté, qui, en vertu d'une loi d'attraction atmosphérique encore inconnue, cherche à y obéir par des issues favorables, en perforant la partie la moins dense de l'épiderme, et se groupe en boutons ou pustules sur la peau de l'abdomen et des cuisses.

Je m'abstiendrai de qualifier l'acte de scélératesse, qui livre clandestinement pareille alimentation au public ; car il faudrait expliquer la masse d'affections infligée à la créature par ces criminels, sous forme de *scrofule*, de *diarrhée chronique*, d'*ulcères intestinaux*, de *diabète*, d'*hémorroïdes*, et enfin de la plus lamentable de toutes, l'*hématoïde* ou *cancer*.

Faisons une étude semblable en ce qui concerne l'homme.

Dès que notre corps est, pour ainsi dire, préparé à donner asile au vampire de notre sang, celui-ci arrive de toute part. Il prend tantôt la forme d'un courant d'air, tantôt celle d'une veille prolongée; bien souvent, il revêt la forme de cupidon ; mais là où il est le plus à craindre, c'est encore dans les égouts ;

Ces foyers d'infection, réceptacle de toutes les immondices, véhicule des germes de maladies, et que, par une ignorante et coupable incurie, ceux qui ont charge de la salubrité publique laissent dans l'abandon ; alors qu'ils devraient, au contraire, subir journellement — je dis le mot — des lavages désinfectants.

Cet oubli des règles élémentaires de l'hygiène permet le développement putride des matières entassées dans des conduits dont la forme fait office de tube déjecteur, chargé d'un côté par certains courants atmosphériques, et projetant leur peste de l'autre.

Dans la composition de cette peste entrent, en grande partie, les animalcules éclos de la corruption, devenus insectes microscopiques ailés au contact de la chaleur solaire ;

Exemple qui nous est donné par toute corruption, et phénomène facilement appréciable pour le ver à soie.

Ces animalcules, friands de la cause de leur origine — différant en cela de leurs congénères fiévreux — la cherchent de tous côtés, et finalement la découvrent dans les latrines communes, dont la propreté n'incombe à personne.

Leur séjour dans cette fange est de courte durée; ils l'abandonnent pour se réfugier dans l'organisme humain, choisissant de préférence des constitutions débiles, bilieuses et épuisées, pour y finir le rôle qu'ils sont appelés à remplir dans la création ; car, ainsi que l'a exprimé le grand Lamartine : « l'insecte vaut un monde, ils « ont autant coûté. »

Ces infiniment petits ailés s'introduisent dans le corps de l'homme au moment où celui-ci aspire cette puanteur qui vous prend à la gorge et qui provoque même des titillements.

Si la quantité est abondante, un malheur est inévitable ; si le nombre de ces destructeurs est restreint, ce malheur se trouvera réduit aux proportions d'une fièvre cérébrale, par la raison qu'en nombre insuffisant ils ne peuvent qu'envahir le cerveau, première étape de leurs déprédations, et, par exception, chaleur céphalique, indice de cette fièvre. Tandis qu'en nombre considérable, ils envahissent tous les liquides, notamment celui contenu dans la vésicule biliaire, corrompu à ce contact et qui se répand ensuite dans les diverses parties du thorax. Cette corruption animée cherche à échapper à l'action du sang, et se précipite, dirai-je, vers les points délicats de l'épiderme pour trouver une issue.

C'est ainsi qu'elle apparaît d'abord aux cuisses, ensuite à l'abdomen, etc., première manifestation semblable à celle du charbon. Car l'une et l'autre de ces deux affections procèdent d'influences atmosphériques, s'accentuent par le défaut de précautions, deviennent intenses dans les abus ou d'ignorantes spéculations, enfin apparaissent, favorisées par des émanations odoriférantes, d'une part, et empestées de l'autre, la créatrice de ces calamités laissant à notre intelligence le soin d'expliquer ces anomalies, qui se traduisent par deux mots: *cupidité* et *incurie*.

LA ROUGEOLE

J'ajoute à ces définitions celle d'une affection presque similaire, et, bien qu'elle démontre des effets souvent bénins, il faudrait des volumes pour la définir.

Elle frappe des enfants d'une même famille, et se manifeste sur divers points à la fois.

C'est la rougeole, supposée contagieuse par la courte explication ci-dessus.

La cause originaire de la rougeole provient de courants atmosphériques albumineux, dont les principes échauffants pénètrent, par l'exsudation, dans la matière animale, et provoquent, par leur action calorique, surtout chez les enfants, le déplacement d'helminthes intestinaux réfugiés dans certaine matière fécale.

Ces helminthes, ainsi déplacés, se répandent dans l'abdomen, y déposent leur progéniture, mi-partie coléoptère, mi-partie acarus, qu'ils abandonnent pour se porter sur le diaphragme, où ils décident la corruption de la bile existant sur cette membrane ; d'où résulte une fermentation fécale qui provoque l'échauffement du liquide sanguin épidermique.

Le coléoptère et l'acarus, attirés par cette chaleur à l'épiderme, marchent de concert pour l'atteindre, bien qu'ennemis innés, en vertu de la loi naturelle et immuable qui régit la production de l'espèce animale dangereuse.

Dans le parcours, l'acarus, obéissant à cette loi, et favorisé par la supériorité de sa force, se débarrasse, en le dévorant, de son imprévoyant compagnon de route.

L'acarus, arrivé seul à l'épiderme, cherche, aidé de sa criminelle intelligence, à se soustraire, par la fuite, aux conséquences de son forfait.

Pour obtenir le résultat d'où dépend sa sécurité, il tente, par un grattage constant, la perforation de l'épiderme ; mais, contrairement au succès obtenu dans la gale, il ne réussit, pour la rougeole, qu'à déterminer la corruption des fibres microscopiques sous-cutanées, qui, transformée en liquide purulent, disparaît en éruptions épidermiques, après avoir entraîné la mort par étouffement de l'imprudent malfaiteur.

La rougeole présente de sérieux dangers dans le cas de débilité ou rachitisme constitutionnels, ou même pendant une atteinte de diarrhée.

Elle devient insignifiante lorsqu'elle rencontre une constitution robuste.

La décoction de fougère mâle est efficace dans le traitement de la rougeole.

La seule médication, dans tous les cas, consiste à faciliter l'évacuation de l'éruption purulente, dont la cessation indique la guérison.

Quant à la contagion, il faut renoncer à cette ignorante supposition.

FIÈVRES DES CHAMPS OU DE FENAISON

J'aborde, avec de grandes précautions, un sujet qui va m'attirer nombre de représailles, en ce sens qu'il va dévoiler des causes de misères inconnues jusqu'à ce jour et qui frappent la partie la plus digne des populations campagnardes, c'est-à-dire les mercenaires employés aux travaux des champs.

La féconde nourrice du genre humain, semblable en cela à toutes les mères, fournit, il est vrai, la subsistance de l'être, mais se reconnait impuissante à le préserver de certains maux.

Comme l'enfant qui attire à lui le lait des mamelles, le laboureur arrache des entrailles de la terre le fruit destiné à le nourrir.

Malheureusement ce fruit, acerbe quelquefois, ne remplit pas toujours le but désiré, de même que dans le lait de la nourrice se glissent aussi des impuretés.

Ces impuretés déchaînent, dans des organes

encore fragiles, des causes exprimées plus tard dans une masse d'affections.

Les impuretés de la terre, ou les gaz qui la sillonnent en tous sens, impuissantes à détruire aussi bien la quantité d'insectes qui la désolent que certaines graminées nuisibles, se bornent à provoquer la multiplication des uns et la fermentation des autres, tombés sous la faucille ou la faux du moissonneur.

Des courants atmosphériques saisissent cette fermentation et la plongent dans les organismes épuisés par le manque de nourriture, surexcités par celle qu'ils préparent contre les règles de l'hygiène, en utilisant des tubercules ou différents produits impropres à la nutrition.

Ces causes ajoutées, souvent, aux conséquences d'un labeur exagéré, à d'autres provenant d'habitudes cachées, créent dans ces organismes la *fièvre des champs* ou de la *fenaison*, que développera, jusqu'à la manifestation, un courant d'air corrompu, puisé dans des mares.

C'est là ce que l'on appelle *fièvres paludéennes*, mais qui n'ont aucun rapport avec cette dernière, à laquelle je passe.

FIÈVRES PALUDÉENNES

Dans le champ existent des causes de fièvres.
Bien autrement nombreuses, ces causes planent

autour des cours d'eau, qui alimentent la plupart du temps des étendues considérables de terrain.

Dans leur parcours, ces auxiliaires de l'agriculture répandent leur bienfaisante action dans certaines terres ; mais dans d'autres ils constituent une humidité préjudiciable.

Par exemple, la terre de couleur foncée, en général imbibée par des courants hydrogénés, pourrait se passer d'arrosage, et, spécialement affectée à la culture du blé, elle rendrait au centuple les grains qui lui seraient confiés.

Les terres de couleur grisâtre demandent beaucoup d'eau, et ne sont propres qu'aux productions des herbacés à fruits conoïdes, par cette exigence que ces terres retiennent l'eau à leur surface et ne peuvent donner la fraîcheur indispensable à certaines plantes.

J'arrive aux fièvres paludéennes, décidées précisément dans cet arrêt de l'eau.

Des influences atmosphériques absorbent cette eau, qui arrive dans l'espace à l'état d'évaporation corrompue.

Introduite dans les molécules hydrogénées abondantes dans l'atmosphère, et parcourant dans tous les sens la densité aérienne, elle a soin, comme le ferait l'intelligence, de chercher asile dans les organismes délicats ou épuisés.

J'en conclus qu'il suffit de demander à tout fiévreux la nature de sa constitution, ou l'aveu de ses excès, pour diagnostiquer ce genre de fièvres.

Je demande à poursuivre la série de ces affections, définies par l'alternative du chaud et du froid, conséquence de travaux anatomiques accomplis par des êtres que je pousse l'audace à reconnaître intelligents.

Que l'on me permette d'en donner la preuve. Elle existe dans ces fièvres.

Les animaux, dérangés dans leur retraite par des excès de quelque nature qu'ils soient, et avides de corruption, se portent en masse à l'arrivée de celle déversée par l'atmosphère.

Parvenus au diaphragme (membrane dont on voudra bien, tôt ou tard, admettre l'importance anatomique que j'ai dévoilée), ces animalcules y multiplient au point de l'envahir complètement.

Dirigés dans la partie thoracique, ils absorbent le sang provenant des artères voisines; de là diminution du calorique épidermique, et, par suite, frissons.

Bien repus, ces ouvriers de la fièvre gardent la qualité sanguine épurée et rejettent celle impropre à la circulation, qui alors cherche à disparaitre par les pores et s'échappe dans l'exsudation qui change le frisson en chaleur animale.

Ces vampires goûtent une sécurité parfaite, jusqu'au moment où la science arrive armée de ses moyens de combat.

La première hostilité est dévolue à la quinine, cette duperie médicale, dont les effets bienfaisants ne compenseront jamais la déplorable influence qu'elle exerce sur son parcours avant d'atteindre imparfaitement les ennemis offerts à sa destruction, et dont la majeure partie se dérobe à ses coups au moment de l'arrivée de la liqueur dans l'œsophage, avertie qu'elle est de sa présence par l'élément amer du quinquina.

Les retardataires seuls d'une descente précipitée paient la dîme exigée par ce forban, qui a déjà levé d'autres contributions, notamment dans les artères carotides, où il a pénétré par infiltration à son passage au pharynx.

Ce véhicule le conduit au cerveau, pour y jouer du bourdon, en attendant qu'il aille désorganiser certains viscères de l'abdomen et déterminer l'échauffement qui en est la conséquence, entraînant par suite une débilité désastreuse.

Pendant ces ravages, la cohorte, réfugiée dans la rate gonflée par ces malfaiteurs, dirige de nouveau sa marche vers le diaphragme et continue son défi à la quinine.

Ce défi cesse après l'envahissement complet du diaphragme par l'agent thérapeutique, et la fièvre disparaît enfin, mais à quel prix! C'est-à-dire en désorganisant, peut-être pour toujours, la fonction des viscères atteints ; en émoussant la sensibilité du tympan, en créant dans le cerveau une atonie désastreuse. Infirmités stigmatisées sur les fiévreux traités par le quinine dans des conditions défavorables. Conditions que ne sait point distinguer le praticien, ordonnant le quinine, comme ferait l'écolier qui récite une leçon apprise, pour vaincre toute fièvre ; alors que la plupart d'entre elles disparaîtraient après quelque jours, épuisées par leur propre élément.

Je m'explique.

Il est évident que la corruption dans laquelle se complaisent les vibrions finit par être absorbée par ceux-là mêmes qui y grouillent, et, faute d'aliments, les ouvriers regagnent leur retraite, en plus grand nombre certainement. Ce qui justifie l'exacerbation de la fièvre à la deuxième apparition, malgré la quinine, qui ne détruit pas ces préposés aux fièvres, mais les empêche seulement d'établir leur séjour sur la membrane qui joue le principal rôle dans toutes nos affections, *sans en excepter une seule*. N'en déplaise à l'Académie de médecine, qui va crier au blasphème. Mais que cette docte assemblée daigne prendre un peu de patience ; la suite de ce factum lui réserve bien d'autres surprises.

Je continue.

Les animalcules, descendus dans leur repaire —qui n'est autre que l'intestin grêle—reprennent leurs demeures sans se tromper, et creusent de nouvelles ruches pour leur progéniture. Et ainsi de suite, à chaque fièvre dépendant de ces agents ; car, dans les autres, l'ouvrier change à chaque espèce.

Celui de la fièvre typhoïde notamment réunit deux conditions. Il est spermatozoaire jusqu'au ventre, et entozoaire lombricoïde pour la partie inférieure.

Mon Dieu ! je comprends que des définitions aussi étranges frappent d'incrédulité ceux qui, occupés aux vénalités de l'art médical, ne peuvent admettre des travaux au-dessus de leur savoir ; mais d'autres, acharnés à découvrir la cause des maux qui nous étreignent, peuvent avoir franchi de grandes distances.

Aux premiers je dirai : écoutez donc, vous qui ne pouvez rien dire; et aux seconds : dites-moi et surtout prouvez-moi le contraire !

Dans cette lamentable série de fièvres, la science ne fait aucune distinction quant à leur traitement, et la quinine est le seul adversaire opposé à cet ennemi.

Cependant la matière animale, elle, les distingue, en leur donnant des manifestations différentes.

La typhoïde s'annonce par des soubresauts convulsifs parfois, toujours par une chaleur céphalique intense.

La fièvre cérébrale est identique quant aux convulsions, mais porte sa chaleur sur les iliaques et l'estomac.

Il en est de même de la muqueuse.

La paludéenne et la fièvre des champs, réunies, présentent des prodromes différents, soit le chaud et le froid épidermiques.

D'autres, enfin, agissent autrement, et se manifestent à jet continu — je ne trouve pas d'autre expression — par des frémissements.

Ces dernières, inconnues de la science, feront l'objet du chapitre suivant.

FIÈVRES ENDÉMIQUES

La matière animale obéit à des directions qui lui sont données tantôt par l'atmosphère, tantôt par sa propre nature.

Dans le premier cas, elle laisse échapper de son ensemble une exsudation cutanée, qui s'arrête à la surface et qui obstrue les pores de l'épiderme ; d'où, par conséquent, impossibilité de livrer passage aux gaz albumineux et alcalins qui réglementent la matière, livrée alors à sa propre essence.

Il arrive, par suite, des échauffements dans le sang, et certaines vapeurs sanguines cherchent à se frayer passage, comme toute force motrice obtenue par un liquide évaporé.

Ces vapeurs constituent un courant épidermique, qui, ne rencontrant pas d'issues dans son circuit, éveille les frémissements dont j'ai parlé.

Entrons maintenant dans la matière, livrée à elle-même par l'absence des gaz indiqués plus haut.

Les poumons, il est vrai, dépositaires de ces gaz, qu'ils reçoivent de l'air absorbé par ces organes, communiquent au liquide sanguin, dans leur dégonflement provoqué par la distension du diaphragme, une activité de force qui s'étend dans toute la circulation, mais qui est impuissante à son épuration complète, sans le concours des agents introduits par les pores.

Finalement, il y a défaut d'épuration et réunion d'âcretés de nature à engendrer la fièvre, à laquelle je donne le nom d'*endermique*.

Je consulte la matière inerte, c'est-à-dire en état de sommeil, pour le deuxième cas.

Dans la respiration sifflante et accentuée, je trouve l'indice d'un embarras des bronches, dérangées dans leur rôle de ventilateurs.

Cette ventilation indispensable à la clarification du sang, faible dans ses moyens d'action, ne remplit pas entièrement son but, et laisse dans le liquide des résidus insuffisamment clarifiés, qui, rejetés par le cœur, vont sur le diaphragme constituer la cause de cette fièvre, qui se manifeste alors en sens inverse, c'est-à-dire agissant sur l'épiderme, en moiteur par le passage de ces résidus en exsudation.

La cause du sifflement aérien est due exclusivement à de fausses digestions.

L'Anémie.

Je vais faire un grand pas, et entrer dans ces organismes voués à l'implacable ennemie du genre humain, désignée à la clinique par l'étymologique définition d'*anémie*, alors que la qualification de monstrueuse débauche lui est applicable.

Entendez-vous parfois ces voix éteintes gémir à tout propos, accusant ciel et terre de leurs intolérables souffrances, exprimées souvent dans une quinte de toux qui semble vouloir disloquer ce faible instrument de débauche?

— Qu'avez-vous? lui demande-t-on.

— Je ne sais, répond-elle ; et le médecin lui-même y perd son latin.

Je crois, cependant, qu'à ma dernière sortie de bal, j'ai contracté un rhume, qui a dégénéré en bronchite et continue ses ravages, ne me laissant ni trêve ni repos.

Il paraît que, faute de soins immédiats, cette indisposition est devenue chronique, et aujourd'hui les cataplasmes, les émollients de toute sorte, et même ces agents décisifs, les vésicatoires, n'y peuvent plus rien.

— C'est étrange, reprend celui qui a interrogé. N'avez-vous pas un peu de fièvre?

— Si, dit-elle. Mais le praticien affirme que cette fièvre est la conséquence de ma bronchite.

Qu'en pensez-vous, mon cher ami?

— Je vais vous le dire à l'instant.

A votre tour, avez-vous remarqué cette agitation fébrile qui sillonne votre corps, comme le ferait l'électricité disposée en courants sur votre épiderme et provoquant des à-coups au passage sur certains membres?

Eh bien! Mais votre corps, c'est la pile de Volta chargée à outrance.

Voulez-vous des explications? je suis prêt à les donner.

— Je ne demande pas mieux, afin d'éclaircir le mystère de cette affection connue sous le nom d'anémie, ce qui ne m'apprend pas grand'chose, et qui me désole avec la permission de la science. Je vous écoute.

— Ah! Mais avant de commencer raffermissez votre courage, car je dois braver bien des pudeurs. Écoutez de votre oreille droite et fermez la gauche, afin que vous ne puissiez laisser échapper les foudroyantes révélations qui vont vous anéantir.

Qu'avez-vous fait hier? malheureuse.

Énervée jusqu'à la fatigue passionnelle, et alors qu'impuissante à continuer une lutte des sens, vous avez exigé, cependant, la continuation des plaisirs, comment faire?... mais ce que vous avez exigé, j'en constate la terrible trace sur vos yeux battus.

Passons maintenant aux conséquences.

Que faites-vous, dans vos moments de loisirs?... Votre imagination surexcitée vous fournit la besogne qui consiste à reproduire, en images idéales, les différentes phases de vos assauts génésiques, et votre corps, préparé, en ressent, je dirai, les impressions, qui s'accentuent naturellement dans l'organe distributif de la volonté, c'est-à-dire dans le cerveau. Cet agent, détenteur de toute émotion, communique celle-là comme les autres à ses agents de sensibilité qui, à leur tour, la transmettent à tout l'organisme.

Ce dérangement inattendu de fonctions, appelées à remplir leur rôle avec régularité et précision, jette le trouble, précisément, dans la fonction de celui préposé à l'accomplissement de la marche naturelle de la matière. Je parle du cœur.

Cet organe reçoit, comme la mer, des fleuves qui prennent leur source au-dessous du magnifique réservoir entouré de gradins qui font office de cascades déversant leur trop-plein dans le conduit élastique appelé œsophage, canal qui conduit les eaux dans un gouffre tourbillonnant, où elles déposent leur limon improductif, pour descendre divisées vers le barrage désigné sous le nom de duodénum, qui recueille la vase précipitée dans l'égoût, en même temps qu'il dirige vers la mer le liquide clarifié.

Le cœur accomplit alors son œuvre, c'est-à-dire procède à la confusion des liquides déposés dans son mystérieux alambic.

Ces liquides, par la nature de chacun d'eux, opèrent une transformation sur les autres.

Celui qui renferme le suc gastrique agit en dissolvant, et change l'albumine en principes ferrugineux, par l'aide qu'il apporte à ce gaz de ses propriétés nutritives puisées dans la distillation à la mastication.

Ensuite, celui qui concourt à la plus haute économie animale, changé en liquide rouge ou sanguin, par la décoction à la digestion, s'appelle bile, et dérive des matières grasses digérées.

Un troisième liquide figure dans cet amalgame. Il provient des boissons descendues dans la chaudière.

Cet ensemble de liquides constitue la provision de substances destinées à fournir aux différents organes l'élément indispensable à leur fonction, élément que l'ingénieux laboratoire distribue en connaissance de cause, dirigeant sa marche suivant la qualité du demandeur.

Ainsi le cœur, après avoir gardé pour lui la qualité la plus épurée, dirige l'excédent dans des conducteurs appropriés à cette besogne par des conduits glissants et flexibles, qui se débarrassent de leur contenu, dans le mouvement ascensionnel du cerveau, et qui s'emplissent dans le mouvement descendant de cet organe.

Le diaphragme, le plus rapproché en ligne directe, bénéficie de la partie épurée distraite du cœur. C'est ce qui constitue la sensibilité commune aux deux organes, dont la fonction ne diffère que par la nature du liquide soumis à leur élaboration, le diaphragme remplissant à l'égard de la bile l'action dépurative que le cœur établit à l'égard du sang.

Cette membrane dont il m'incombe de signaler, à toute occasion, l'importance anatomique, négligée par la science, exerce le pouvoir dévolu au gardien d'un trésor, décidant la mort du voleur qui cherche à le dérober.

Ce voleur, c'est la bile !... Et l'auteur responsable, c'est nous !

Lorsque cet auxiliaire du cœur — pardon de cette audace — reçoit dans son domaine la bile destinée à la digestion, et qu'il se prépare à diriger, par de légères contractions, vers le foie, celle devant contribuer à la cuisson des aliments, il a soin de ne choisir que la partie complètement débarrassée de toute impureté, gardant l'autre pour la soumettre au travail de clarification qui lui incombe, avons-nous dit.

Ce travail, quelquefois supérieur aux moyens d'action dont dispose cet agent laborieux, est rejeté par lui et confié alors à d'autres subordonnés malheureusement mal outillés pour semblable opération.

Tel le foie, chargé d'éliminer, au moyen de la bile qui le parcourt, certains produits défectueux repoussés dans l'action dépurative du cœur, autrement dit ces indispositions connues et classées à la clinique au nombre des maladies du foie.

D'autres concourent également, mais sans plus de succès, à dissoudre les âcretés contenues dans la bile.

Dans ce nombre, je ne citerai que la rate, qui nous fait assister à cette tentative, par ses évolutions sanguines chassant dans le dépotoir organique toutes les impuretés que réunissent sur cette partie de l'abdomen les excès de toute nature.

C'est ici, chère amie, que je vais trouver la trace de vos débordements.

Examinez ces détritus échappés à la digestion,

conduits à leur état naturel vers le cœur qui a rejeté de son alambic, comme le premier recéleur, ces provenances impures.

Vous ne sauriez certainement distinguer leur nature, mais je possède des yeux qui égalent en puissance le microscope le plus étendu en force.

Tenez, voici, par exemple, une boule à peine visible à l'œil nu. Elle renferme assez de poison pour arrêter dans sa marche la bile destinée à la digestion et causer, par cette entrave à la décoction des aliments, la quinte de toux qui m'a impressionné à mon arrivée ici.

Dans le tube conducteur des aliments résident des agents de sensibilité nombreux et délicats, qui s'entre-choquent à la moindre contrariété.

Or les aliments descendant dans la chaudière, n'ayant pas toutes les conditions exigées pour leur passage normal, c'est-à-dire la bile épurée qui a servi à la mastication, ou si l'on veut la salive, et privés, en même temps, de suc gastrique, que n'a pu fournir la bile corrompue, franchissent avec difficulté l'étroit conduit, et provoquent la distension des muscles qui interceptent le passage et font remonter, quelquefois à leur origine, les aliments poussés par cette distension appelée *toux*.

Pourquoi y a-t-il absence de bile épurée et de suc gastrique ?

En voici la cause.

Lorsque des métaux parviennent dans le creuset, pour y être soumis au mélange, celui qui doit dominer y arrive nécessairement en quantité plus grande et les autres ne constituent que des accessoires coordonnés par celui qui représente l'objet créé.

Le cœur, c'est le creuset, et le métal destiné à être reproduit, c'est le sang, déversé dans ce creuset à l'état de bile ou, pour mieux dire, devant son origine à ce métal.

Ensuite arrive l'argent ou suc gastrique.

Enfin, d'autre part, le creuset reçoit divers métaux.

Lorsque la bile est encrassée, ou bien le cuivre rouillé, l'argent est impuissant à donner le son vibrant de la cloche.

Eh bien! Madame, à chaque frénésie vénérienne, la bile dirigée vers la glande salivaire, pour activer la mastication, y arrive corrompue et cause ces intolérables suffocations, suivies de toux, qui alimente la faiblesse, exprimant la première phase de votre maladie.

Examinons maintenant la seconde.

Cette toux arrache des poumons un composé gluant et blanchâtre qui semble dériver de préparations culinaires employées dans les entremets.

Comme je pourrais le faire de ces derniers, je vais analyser les premiers.

L'écume qui couvre la bile corrompue a pour origine celle descendue avec les aliments mastiqués, rejetée au passage de celle-ci dans le pylore, qui l'a instantanément dirigée vers sa compagne de même provenance, arrêtée, celle-là, dans les poumons au moment où le diaphragme la chassait de son domaine.

Cette corruption est la conséquence d'un abus répété...........

J'arriverai, soyez sans inquiétude, à la pile de Volta. Seulement daignez me laisser charger cette pile.

Avant de procéder à la composition de la charge, je dois étudier dans la matrice comment il se fait qu'elle se rétrécisse.

J'ai bien du mal à définir cette compression qui étrangle presque le col.

Ah ! j'y suis ! je trouve la correspondance qui existe entre cet organe et la vulve, gonflée à chaque indignité et projetant son dévolu sur celui des organes qui en général l'appelle ; mais, trompé par une fausse apparence de conception, il se replie sur lui-même, comme l'espoir déçu.

Voilà la charge de la pile électrique.

Dirigeons le courant où vous voudrez.

Tenez, examinez la différence de sensation, entre ce courant dirigé dans la cervelle, et cet autre fourni à la matière inerte, c'est-à-dire aux membres.

Cette différence tient à deux causes, l'une dépendant de sensations affectueuses, l'autre n'établissant qu'un courant animal, car l'électricité est tributaire de cet agent conducteur.

Dans le premier cas, la pile, qui tient lieu de berceau à celui qui va naître, exprime, dans sa contraction, un regret répercuté dans les lobes génésiques, et de là ce délire érotique qui exige satisfaction, coûte que coûte.

Dans le deuxième, cette pile devient agent directeur, et déverse son trop-plein dans la matière qui le reçoit et exprime en à-coup la puissance plus ou moins élevée de la pile.

Cette matière, n'ayant aucune sensation à transmettre, se borne à subir le courant électrique, défini par ces frissons épidermiques de différentes natures.

Ceux qui s'arrêtent aux bras, secouant pour ainsi dire ces membres, ne se manifestent — vous l'avez constaté — que le lendemain de l'abus, parce que la pile épuisée déjà a reçu une nouvelle charge.

Ceux affectant les cuisses dérivent du même foyer.

Quant à l'épine dorsale, j'ai un développement à produire.

A chaque délire vénérien la substance qui garnit ce tube gradué, dit épine dorsale, reçoit de son correspondant du cerveau la commotion électrique et la disperse en courants énergiques, sur toute la partie du corps comprise entre la nuque et le sacrum, et provoque ces frissons qui exigent le soulagement que vous demandez à grands cris.

M'avez-vous bien compris, madame ?

Dans le cas contraire, je pourrais encore ajouter quelques définitions à celles déjà données, notamment en ce qui concerne cette soif qui étreint votre gorge, comme le collier du criminel ; mais, j'ai lieu de croire que cette flagellation infligée à l'astuce, à l'ignominie conjugale, au défaut de morale enfin, suffira à vous indiquer celui des chemins tracés à la future mère, car vous le deviendrez un jour, si vous renoncez à la débauche, dans l'espérance bien douce de contempler dans un coquet berceau le gracieux fruit d'un amour permis.

Je pourrais m'en tenir à cette preuve irréfutable de facultés exceptionnelles, qui, ainsi que je l'ai souvent exprimé, et aussi souvent démontré, ne sauraient, dans aucun cas, être frappées d'impuissance ou de stérilité, et continuer à braver la critique ; de même que je pourrais — ce que je n'ai jamais envié — prendre place dans le giron médical ; mais, comme j'ai à poursuivre une œuvre colossale, consistant dans la réforme de cette science, je reprends ma route et j'adresse un adieu à la tranquillité, car je vais franchir cette grotte, repaire de carnassiers prêts à me dévorer.

A celui-ci, féroce et glouton, je jetterai la définition de son caractère, dit *apoplectique.*

Je m'approcherai de cet enragé, et je lui inoculerai des insectes de nature à absorber cette rage.

A celui plus loin, je déposerai à ses pieds la cause de l'*épilepsie* et de l'*hystérie,* deux sœurs jumelles.

Au suivant, j'infligerai la correction, méritée par le bravache.

La procréation, je la donnerai au travailleur infatigable qui, dans cet antre, cherche à définir la loi de la création.

Un peu plus loin, je distribuerai la pâture, à droite et à gauche, sous forme de définition des maladies inconnues, et de conseils hygiéniques.

Enfin, arrivant au cerbère du lieu, je lui parlerai de la grossesse afin qu'au récit de cette merveille, il me laisse passer pour continuer à dévoiler nos infortunes.

Mais! j'aperçois une connaissance. Tiens! c'est le célèbre *Gall*, en tournée comme moi. Cher ami, peut-être, à nous deux, arriverons-nous à faire comprendre la fonction de cette admirable mécanique le cerveau.

J'entre! et je jette au premier la définition suivante. Quel âge avez-vous?... Vous paraissez avoir dépassé la quarantaine. Votre mise aussi élégante que correcte m'indique que vous appartenez à la classe riche, berceau, dans ces conditions, de l'*apoplexie*; car, elle dérive de préparations culinaires raffinées, extra-succulentes, exigées à un certain âge, et d'abus génésiques auxquels prédispose cette alimentation excitante.

L'absence de cette maladie parmi les pauvres, et qui épargne l'enfance, corrobore mon affirmation, justifiée, du reste, par différentes constatations médicales et surabondamment prouvée par l'expérience.

C'est à tort que l'on attribue à l'épanchement sanguin cérébral la cause déterminante de l'apoplexie.

Cet épanchement n'est que l'effet produit par l'attaque apoplectique, qui est toujours déterminée par une abondance de bile accumulée sur le diaphragme, à la suite des excès culinaires, et de la dernière débauche matrimoniale.

La température extrême, pendant laquelle l'apoplexie se manifeste, en général, exerce une influence dominante sur la production de la bile, et, surtout, sur la difficulté de son épuration.

Cette abondance bilieuse absorbe la descente sanguine et provoque l'arrêt de la fonction des organes, privés, par conséquent, de leur aliment indispensable.

Cet arrêt entraîne à son tour la chute des humeurs cérébrales, qui décomposent, à leur passage, les aliments destinés à la descente, à l'expulsion. La bile les amalgame, et de cet amalgame résulte l'absorption du liquide sanguin, dont l'absence se traduit par l'apparence cadavérique trompeuse.

L'arrêt décide également certaines affections, (symptômes précurseurs de la maladie) telles que : la céphalagie générale ou partielle; la paralysie des membres ; les convulsions résultant d'une action musculaire tendant à repousser le voisinage gênant de la bile; les variations du pouls, qui résultent de l'irrégularité de la fonction du cœur, faute de sang à élaborer.

L'apoplexie n'entraîne que l'apparence de la mort. La vitalité existe encore ; quelquefois pendant deux jours, temps propice à ranimer le mourant, qui, échappé à cette mort apparente, ne conservera aucun souvenir de l'attaque apoplectique, en raison de l'inertie de la matière animale, pendant la syncope.

Le traitement, de nature à rétablir les fonctions vitales, consiste dans d'énergiques et multiples frictions à la *feuille de noyer* (à défaut de feuilles fraîches, la décoction de feuilles sèches suffira) et dans l'ingestion, facilitée par la mobilité des mâchoires, de deux centigrammes d'acide muriatique, dans un liquide quelconque.

Je constate un calme chez l'enragé, ce qui me permet de m'approcher de lui sans crainte, et en attendant l'effet de l'inoculation je lui conseille de lire attentivement le factum ci-après.

Si des chercheurs recourent, parfois, aux lois naturelles pour compléter une découverte déjà acquise, c'est à la condition d'observer ces lois dans ce qu'elles édictent, notamment en ce qui concerne des données absolument admises et confirmées par des démonstrations.

Rarement ces lois diffèrent ; sans cela, elles deviendraient impuissantes à guider celui qui a recours à elles, dans son incertitude, et qui attendrait, dès lors, de leur instruction un espoir déçu ou incertain.

C'est ainsi que dans la découverte du *virus rabique*, l'éminent chercheur, après avoir demandé à ces lois la direction de cette découverte, s'en est écarté, obéissant en cela à des considérations personnelles absolument fausses quant à la destruction de ce virus.

L'ascaride lombricoïde est chargé de cette épouvantable mission, appelée la rage, destinée à détruire jusqu'à la fonction vitale par l'anéantissement de la merveille qui en conçoit le mécanisme c'est-à-dire la matière cérébrale.

Le pouvoir destructeur qui est dévolu à ce ver dépend de causes faciles à expliquer. Indépendamment de ces causes, il resterait confiné dans l'*artère carotide*, son séjour habituel, et ne le quitterait qu'au décès de l'être, qui lui donne asile.

Incrusté dans les parois internes de l'artère, ce destructeur ne s'en détache, en premier lieu, que sollicité par de nombreux contacts entre mâle et femelle.

Viennent ensuite les marches fatigantes ; les défauts de soins et de nourriture ; en un mot, l'abandon dans lequel sont laissés la plupart des animaux, prédisposés à l'atteinte rabique; tels que le chien, le chat, et d'autres, inconnus dans la nomenclature de cette calamité.

Dès que l'ascaride est averti par l'odorat de la présence de la bile, circulant en abondance dans le liquide sanguin, il descend dans cet aliment, qui lui sert de nourriture, en même temps que

de véhicule pour arriver au cerveau, et disparaît
dans l'abdomen, après avoir déposé, au passage
dans l'organe cérébral, sa progéniture sous forme
d'œufs.

On le retrouve, en grand nombre, dans le
colon descendant ; ce qui explique la décomposition des excréments du chien hydrophobe, pour
ne parler que de ce quadrupède. A l'égard de
l'homme, l'ascaride demeure dans l'intestin.

Pendant cet espace de temps d'une durée
fixe de deux jours, la hideuse progéniture a éclos
dans l'organe distributif de la volonté, en a
absorbé tout le liquide destiné à l'action calmante,
et a livré la matière cérébrale, en délire par cette
absorption, à toute son action furieuse.

Descendant de la cervelle entrée en corruption,
ces dignes héritiers de malfaiteurs cherchent la
bave destinée à humecter les aliments broyés par
la mâchoire du chien, afin de trouver un nouveau
véhicule, qui les conduira à décider la fin de cet
être organisée dont ils ont déjà anéanti la
volonté et désorganisé le principe vital, par cette
atteinte irrémédiable, si un secours aussi prompt
qu'efficace ne vient contrebalancer l'attentat à la
chose créée.

Cette besogne achevée, ils disparaissent dans la
corruption intestinale qui leur est due.

La progéniture de ces animaux féconde et ins-
tantanée, déposée au passage de ces infiniment
petits, dont le liquide destiné à seconder la mastication suit, à l'état purulent, les aliments mas-

tiqués, s'arrête à la glotte du larynx qu'elle calcine et y entretient une irritation qui détermine l'impossibilité de recevoir de nouveaux aliments. Cette impossibilité provoque les accès de rage, qui se manifestent, notamment, à la vue de toute espèce de nourriture c'est-à-dire que l'hydrophobe arrive au paroxysme de la fureur, par la crainte de mourir de faim, alors que des substances se trouvent à sa portée.

Malheur à celui qui approche de cette fureur.

Des ascarides restés dans les gencives, mêlés au suintement baveux, suivent ce liquide, qui dépose dans l'épiderme déchiré par la dent du chien *deux ou trois* de ces monstres, de multiplication et de pullulation rapides; la bave charriant au dehors ceux détournés de l'abdomen et détruits, par conséquent, à l'aide de ce pouvoir décerné à cet autre destructeur, la décomposition atmosphérique ; insuffisante cependant à l'anéantissement complet des vibrions, qui trouvent un nouvel aliment dans cette décomposition agissant sur les survivants, transformés en insectes ailés, et disséminés, alors, dans la corruption atmosphérique.

Ceux échappés à la destruction naturelle, cachés dans les gencives de l'hydrophobe et inoculés par la dent du chien, dirigent leurs pas assurés dans la partie de l'intestin grêle, attirés dans cet organe par la bile corrompue qu'il recèle, à la suite d'habitudes génésiques ou alcooliques chez l'homme, et par l'abus d'aliments farineux pour le chien.

A défaut de cet aliment, les ascarides meurent et deviennent, par conséquent, inoffensifs.

Cela explique, d'abord, l'absence incontestable de rage chez les enfants, et ensuite la maladie guérie chez des caractères inflexibles, le plus souvent effrayés par l'ignorance de certains praticiens, et non pas atteints d'hydrophobie; affection beaucoup plus rare que l'on ne croit, devenue malheureusement commune aujourd'hui par la facilité de la traiter, tandis qu'autrefois elle était, pour ainsi dire, miraculeuse; n'ayant du reste, aucun besoin d'un préservatif aussi insignifiant qu'inoffensif, composé en dehors des lois naturelles dont je définirai la rigoureuse exigence.

Dans certains cas, ce préservatif pourrait entraîner des conséquences terribles, en faisant naitre, dans l'esprit de la victime de la morsure rabique, un espoir chimérique et désastreux, puisqu'il est incertain dans la réussite, et n'offre, d'ailleurs, qu'une confiance hautement contestée.

L'expérience tentée jusqu'à ce jour l'a surabondamment démontré malgré des statistiques intéressées, fantaisistes et sans contrôle; du reste, ce contrôle étant entre les mains de ceux ayant intérêt à l'éviter.

Entrons donc dans le domaine des lois naturelles, et demandons à cette fourmillière de guides celui de la destruction des animaux nuisibles.

Ce guide dépend des animaux eux-mêmes et de leur voracité définie dans la nature de chacun d'eux.

La féconde et intelligente créatrice de toute sorte a, dans une admirable prévoyance, établi des bornes à certaines fécondations exagérées, et dans ce but, a livré les espèces animales à la voracité les unes des autres, afin de contribuer à la destruction des animaux dangereux.

Cette faible créature, appelée ascaride de la rage, disparaît et donne le jour à d'autres animaux, beaucoup plus carnassiers que leurs devanciers.

Telle, la *vipère*, inoffensive dès qu'elle a mis bas ; par cette apparente manifestation, transmettant à sa descendance le moyen de défense appelé à la protéger, à son tour fécondée ; la nature ayant concédé le terrible pouvoir aux femelles, les mâles étant réputés sans danger, et la puissance virulente puisant dans cette transmission de nouvelles propriétés décisives.

Je sais bien que de pareilles définitions trouveront des détracteurs et même des incrédules. Mais, quand j'aurai opposé à ces dénigrements le résultat d'expériences faites en haut lieu, j'ai l'espoir de convaincre ceux disposés à jeter la première pierre sur ce coupable d'hérésie, indiquant à l'étonnement de tous des lois ignorées jusqu'ici et devant, sans doute, attirer la controverse dans ses moyens acrimonieux.

Ces expériences, tentées il y a quelques années,

dans certain laboratoire, ont démontré, jusqu'à l'évidence, la reproduction spontanée des infiniment petits et la destruction décisive et prompte des anciens par les nouveaux éclos.

Ce phénomène, inexpliqué encore, est cependant manifeste. S'il a pu se produire, que devons-nous trouver d'étonnant dans le grand mystère de la nature appelée le plus souvent à nous éblouir au lieu de nous éclairer, par des images dont la conception dépasse notre faible entendement?

A celui doté par la nature de facultés destinées à éclairer ces mystères, il appartient de les dévoiler.

J'ai la prétention de conduire le char lumineux de la médecine et de faire pénétrer ses rayons dans les coins les plus reculés, pour en chasser cette obscurité devant laquelle bien des efforts sont demeurés impuissants, entre autres ceux de ce grand génie, que béniront les générations futures, tributaires de la reconnaisance due à sa découverte étonnante des animalcules préposés à chaque affection. J'ai nommé l'immortel patriote et l'incomparable savant Raspail, odieusement conspué dans son honneur et son savoir.

C'est en partie dans d'admirables définitions qui cachaient à nos yeux la richesse de ses importants travaux que j'ai découvert les lois naturelles dont je vais entreprendre la définition.

Je commence naturellement par celle afférente au sujet qui nous occupe.

L'ascaride descendant du cerveau est le produit de celui réfugié dans l'abdomen et devenu inoffensif par la loi de déduction indiquée d'autre part comme devant le rendre inférieur à sa filiation.

Cette loi est immuable autant dans ces deux cas que pour une infinité d'autres.

La terre est peuplée d'insectes soumis à ces lois de transmission et de destruction.

Sans aller bien loin chercher des exemples, pénétrons dans cette cave abritée contre tout courant d'air, et dans ses coins apparents nous trouverons le gite de cet animal immonde mais bienfaisant, l'*araignée*, dévorée par ses petits dès qu'ils commencent à téter.

Parcourant maintenant la forêt de Fontainebleau, nous y découvrons quantité de vipères, mais pas un seul mollusque, la nature ayant réglementé son harmonieux ensemble précisément à l'aide de ces lois destructives.

S'agit-il de l'ascaride, par exemple. A leur éclosion ces monstres minuscules, déposés au passage dans la matière animale, décident dans un combat acharné quels seront ceux destinés à descendre à la recherche du pouvoir destructeur dont j'ai parlé. Les vainqueurs seuls de ce carnage, munis de ce pouvoir qui consiste en éléments de corruption, se portent sur la tête du diaphragme, y séjournent deux ou trois jours, et marquent cette station, en déterminant des accès de fièvre et d'inquiétude passagères, imminentes et apparentes.

Se mettant en marche, ces maraudeurs dérobent au passage la bile destinée à la digestion. De là, cette pesanteur de la panse stomacale et ces symptômes précurseurs de la fièvre qui se déclarera le quinzième jour.

Arrivés aux poumons, ces destructeurs, en même temps détraqueurs, contrarient le mouvement d'aération et cet obstacle à la fonction organique destinée à communiquer au liquide sanguin ses propriétés conservatrices, entraîne la corruption de la glotte du larynx, où ils se réunissent avant d'atteindre le cerveau.

Cette étape est marquée par l'aboiement de l'hydrophobe, à la période écumeuse.

Franchissant la dernière distance qui les sépare de la merveille anatomique, ces déprédateurs y pénètrent dans tous les sens, se dispersent dans ses différentes facettes, en déchirent le bulbe, procèdent au dessèchement de la matière et finalement en décident la corruption, déposant, en échange de leur déprédation, la ponte dont j'ai expliqué les épouvantables conséquences.

On attribue à tort à l'hydrophobie la mort de l'individu qui succombe aux effets de l'atteinte dite : *rage paralytique*, surtout à une époque éloignée de la morsure rabique.

Cette mort résulte de la frayeur qu'éprouve le sujet, obsédé par la pensée ou terrifié au souvenir ou à l'annonce brusque du danger qu'il a couru.

Le cas a fourni matière à contradiction, en

raison de ce qu'il présente les convulsions, la contraction des mâchoires et la bave de l'enragé. Mais on devrait tenir compte de l'absence de forces musculaires, complément indispensable de la mort par l'hydrophobie.

J'entre enfin dans ce domaine public, qu'une égoïste et malheureuse prétention a rendu exclusif et éloigné de toute contestation, se dérobant encore, à l'heure actuelle, aux critiques justifiées de ses insuccès.

Si le préservatif inoculé est inefficace dans bien des cas, la raison nous dit de l'abandonner et de chercher mieux. Cette recherche est facile, étant donné un point de départ certain et des lois absolues pour guide.

Qu'édictent les lois ?

Des prescriptions infaillibles, c'est-à-dire le pouvoir de détruire entre eux les animaux d'une production exagérée et dangereuse.

Il convient donc d'avoir recours à ces lois, afin de mettre d'abord obstacle à la multiplication de ces êtres malfaisants, et de s'opposer ensuite à leur terrible ravage.

Pour cela que faut-il ?

Déchaîner sur ces monstres des monstres supérieurs en force et de nature à dévorer leurs congénères.

La démonstration précédente nous trace la ligne à suivre.

Si la force dépend de la génération, il est judicieux et indispensable d'employer à l'hécatombe des préposés au virus rabique, des animalcules éclos après eux, et de chercher les auxiliaires de la guérison dans l'intestin et non dans la bave ou tout autre refuge ; ces derniers, arrivés au suprême degré de la puissance, devant faire bon marché de leurs devanciers.

Cette expérience est aisée à contrôler, en prenant des intestins du cadavre de l'hydrophobe, la partie afférente à l'*ombilic* ; d'en provoquer la complète putréfaction par la chaleur naturelle, c'est-à-dire atmosphérique, et d'inoculer cinq ou six centigrammes de cette pourriture à tout animal, chien ou chat, reconnu atteint d'hydrophobie.

En déchaînant sur ces animalcules, causes de cette étrange désorganisation cérébrale, ceux recueillis dans la putréfaction indiquée, il arrivera ceci : A peine introduits dans la matière animale de l'enragé, ces géants de la famille, doués de facultés précieuses, par la raison aussi généreuse que consolante de cette vérité immuable que le mal ne saurait toujours prévaloir, ces géants, disons-nous, devenus sans danger, contribueront à la réparation de celui qu'ils ont amené.

A cet effet, guidés par leur flair très subtil, ces défenseurs de la chose créée fondent sur les déprédateurs, en font disparaître jusqu'à la trace, et, décidés à réparer le méfait, ces faibles créatures le changent en guérison de cette affreuse et redoutable maladie.

Dès la disparition, décidée dans un horrible carnage, de leurs devanciers voués au mal, ces réparateurs du criminel outrage déposent dans la corruption déjà en marche des animalcules qui l'absorbent et la conduisent dans le dépotoir organique, par l'action répulsive du sang.

Cet étrange phénomène est la conséquence de cet autre, à savoir que dans certaines calamités les extrêmes se touchent, ou, si l'on veut, qu'arrivés au sommet du mal, nous sommes fatalement condamnés au bien. Hardie philosophie, qui trouve cependant son explication dans le remords de celui qui termine une existence criminelle.

Il a été constaté, dans bien des circonstances, cette anomalie du criminel devenu souple et déférant, arrivé cependant au terme de ses forfaits.

Étrange coïncidence, dans le but que nous cherchons, et singulier encouragement à cette philosophie hardie dont je parle, qui, en dépit des critiques que je vais soulever, s'impose à la corrélation de ces deux hypothèses et semble confirmer ce que j'appellerai ma témérité du reste, à hauteur de cet écrit, qui va éveiller, je le pressens sans peine, la tourbe endormie des zoïles.

Cependant, que voyons-nous dans la nature des êtres?

Un ensemble organique à peu près semblable.

Quelle est la cause de son fonctionnement?

Le cerveau.

Qui oserait, dès lors, nier toute ingérance de cette matière dans l'acte accompli par l'animal?

J'aborde, en terminant, la partie délicate de mes découvertes.

Certainement, je n'ai pas obtenu de pareils résultats en délassant mon esprit par des frivolités.

J'ai consacré à ce labeur le peu de loisirs que m'ont accordé des occupations constantes et indispensables à ma subsistance. J'ai l'espoir de la trouver désormais dans des fonctions destinées à éclairer l'obscurité de la science médicale qui, entourée de ténèbres, se débat dans le vide.

Ce vide attire dans son gouffre ces intelligences d'élite avides d'instruction et nées pour cette carrière comparable à celle du sacerdoce : l'une destinée au soulagement du corps, l'autre à celui de l'âme.

Belles missions, si le résultat était toujours conforme à ce qu'il promet, c'est-à-dire à la guérison en ce qui concerne la première et à la conviction religieuse à l'égard de la seconde.

Je n'ai pas à m'occuper du sacerdoce, détruit dans sa sublime parole par ses propres errements.

Je me dois, dans la plénitude de mes facultés, au combat que j'entends livrer à cet autre errement dépendant d'une fausse instruction médicale, déchaînant dans cette erreur la masse de lamentations exprimées dans une douleur ne sachant à qui s'en prendre.

Aberration de la nature dans les calamités, disent les insuccès.

La guérison due à la science profère la réussite.

Tous deux, cependant, agissant au hasard.

Je ne crois pas être en dehors des convenances humanitaires en portant devant ce grand juge, le public, le déférent résultat d'efforts couronnés de succès, et qui recevront, à leur tour, la sanction des gens éclairés, défiant les jaloux et la triste médisance, marchant côte à côte, pareillement à deux malfaiteurs associés pour le crime !

Je demande pardon de cette digression ; elle étanche l'amertume des infâmies, des découragements, des critiques, des indignes jalousies, de la cohorte, enfin, qui naît de l'impuissance frappée des étonnants résultats de la fécondité qui donnera le jour à cette multitude d'affections inhérentes à la créature et ignorées de ceux précisément reconnus doctes à nous éclairer sur ces affections, à l'aide du talisman qui remplace la plupart du temps le savoir.

Je définirai, ainsi que je l'ai annoncé, les lois naturelles réglementant cette harmonie, apparente à nos yeux en *agriculture*, fournissant la substance de l'être.

En *météorologie*, donnant à cet être le moyen de se défendre et de se conserver ;

En *anatomie*, pour l'éclairer sur les dangers à éviter ;

Enfin, en cet art, qui consiste à opposer aux maux qui fondent sur lui l'adversaire propre à l'en préserver. Convaincu que ces découvertes fixeront l'attention des savants, qui, dans une louable intention, descendent à la recherche de cette vérité : que le champ du savoir n'a ni bornes ni limites, et que dans cette science inconnue peut se découvrir la confirmation de ces belles paroles : « L'utopie d'aujourd'hui sera peut-être la vérité de demain. »

Malheureusement, celui qui les a fait jaillir de son cerveau, après avoir crié : En avant ! s'est dérobé, comme ces âmes timorées dans la faiblesse humaine, qui l'a conduit à abandonner, par crainte du ridicule, la réalisation d'idées aussi hardies que véridiques.

La faiblesse humaine, coupable de bien des calamités, est surtout déplorable, lorsqu'elle refuse à *Fulton* l'expérimentation de la force motrice à l'aide de la vapeur d'eau ;

A *Galilée*, le mouvement d'oscillation terrestre ;

A *Laplace*, la condensation du gaz atmosphérique ;

A *Cuvier*, celle des atomes disséminés dans l'air et formant ces ombres appelées nuages ;

Enfin de nos jours, lorsqu'elle remplace par la persécution l'exposé, utilisé aujourd'hui, des *cellules organisées*, et donne au chercheur le découragement, seule force souvent à opposer à une indifférence dédaigneuse et hautaine ou à la morgue dévolue à la bêtise diplômée.

L'Épilepsie.

Je m'incline devant cette autorité persévérant dans la louable vertu, cherchant le remède contre le vice.

Je pense contribuer à la satisfaction de cet homme de bien, le grand clinicien des maladies nerveuses — j'ai nommé le Dr Charcot, — en lui donnant le moyen de couronner son œuvre (1).

Je dépose donc aux pieds du grand homme l'étude ci-après.

Les habitudes d'onanisme, arrivées à la frénésie dès l'enfance, sont une cause de caducité précoce, et laissent dans les parties sexuelles externes, un principe d'excitation vénérienne, dont les pernicieux effets se font encore sentir dans un âge avancé et ramènent dans l'esprit affaibli le désir parfois irrésistible de satisfaire ces goûts contre nature, malgré l'attrait et la compensation des jouissances conjugales qu'ils demandent à précéder.

Dans ces pollutions à éjaculation incomplète, des globules utéro-sanguins ou spermatiques, restés dans le canal de l'urèthre, y séjournent souvent plusieurs heures, et interceptent le passage à la

(1) J.-M. Charcot, *les Maladies du système nerveux*, dans le *Progrès médical*.

majeure partie des zoospermes provenant ensuite du coït.

De cet accouplement d'une aberration bestiale peut résulter une fécondation, dont le produit hybride héritera de cette monstrueuse infirmité, l'épilepsie, par suite de l'absence, dans cette conception incomplète, de certaine substance cérébrale, et de défectuosités physiques, que j'indiquerai sur les deux sexes.

Ces infirmités, infligées à l'outrage fait à la nature, ont pour conséquence d'éveiller chez l'enfant héritier de l'épilepsie les désirs de la masturbation, quelquefois dès l'âge de dix ans, surtout sous l'influence de gaz atmosphériques délétères, dont le déplacement a lieu notamment pendant les derniers quartiers de la lune.

Les gaz ont la propriété d'absorber la chaleur animale et d'exciter celle du cerveau.

L'affaiblissement cérébral, secondé par les masturbations arrivées progressivement à la frénésie, attire, peu de temps après l'acte solitaire, une quantité d'ascarides qui, partant de l'intestin grêle, montent à la cervelle, envahissent dans le cerveau les fibres sanguines qu'ils obstruent et déterminent l'arrêt de la circulation du sang, aidés par la surabondance de bile accumulée sur le diaphragme, par l'effet de la masturbation.

La matière animale, privée alors de l'élément indispensable à son fonctionnement, s'affaisse dans sa masse devenue inerte, et le sujet présente dans cette chute, suivie de la perte de connaissance, la première phase de l'épilepsie, manifestée après l'âge de *dix ans.*

Avant cet âge, la maladie ne présente que les convulsions, sans chute préalable, en raison de la circulation du sang, qui n'est pas interrompue.

Les accès ont pour cause, dans ce cas, la réunion dans l'œsophage d'ascarides vermiculaires qu'une nourriture farineuse pousse à l'évacuation et dont une partie, échappée à la déjection, descend dans les organes génitaux, qu'elle irrite jusqu'aux convulsions.

La chute épileptique, dont les signes précurseurs résident dans la décomposition de l'urine, est foudroyante ou lente, suivant l'abondance de bile accumulée sur le diaphragme.

Il importe surtout d'affirmer cette différence dans le traitement à administrer. Calmant d'abord, curatif ensuite.

La rapidité de la chute indique la puissance de l'attaque et les contractions en déterminent la vigueur.

Dans la chute *foudroyante,* la bile massée sur le diaphragme oppose une barrière à l'évolution sanguine et provoque l'arrêt immédiat de la fonction des organes.

Dans la chute *lente,* la quantité de bile, insuffisante pour amener cet arrêt instantané, ne le facilite que lentement, pour disparaître entraînée par les contractions qui la poussent dans les articulations et dans les parties génitales qu'elle gonfle.

Le cri proféré presque toujours au moment de la chute est provoqué par la descente de la *luette*, facilitée par la détente de vaisseaux capillaires dépourvus de sang.

La pâleur du visage et l'apparence de la fixité des yeux résultent également de l'absence du sang afflué en totalité sur le diaphragme qui cherche à s'en débarrasser par les contractions répétées.

Les contractions produisent en même temps l'action du *fouet* sur le sang qui devient écumeux, et dirigent des globules de cette écume parfois sanguinolente dans la trachée artère, où elle trouve un passage pour descendre dans la bouche, et s'y montrer sous l'apparence de la bave farineuse de l'épileptique.

Par l'effet de ses multiples contractions, le diaphragme parvient à repousser la masse envahissante du sang qui cherche, dès lors, sa circulation en se précipitant sur tous les conduits sanguins, dont elle provoque le gonflement, en même temps que la disparition des ascarides, ramenés dans l'intestin grêle par la circulation normale du sang.

Le malade reprend progressivement possession de lui-même, ne conservant aucun souvenir de l'attaque épileptique, l'inertie de la matière animale pendant l'attaque ne lui permettant pas d'en garder la moindre notion (1).

(1) Dʳ Foveau de Courmelles, *les Dégénérés* dans *Hypnotisme* (Bibliothèque des Merveilles), 1890.

Les évacuations d'urine, de matière fécale et même de sperme sont le résultat de la frayeur qu'éprouve l'épileptique, aux premières contractions rétablissant la fonction vitale, et que, dans son affaiblissement cérébral, il suppose représenter les précurseurs de la mort.

Cette frayeur exerce encore une action absorbante sur la matière calmante du cerveau et détermine l'état d'hébétement qui se manifeste toujours après les attaques.

La bile étant le principal obstacle à la reprise des fonctions organiques, il convient d'en provoquer l'évacuation rapide.

On obtiendra ce résultat, en peu de temps, dans les cas de chute foudroyante, au moyen d'ablutions à l'infusion de café noir, sur le crâne, la gorge et la poitrine.

L'action de ce liquide, souverain par sa puissance détersive sur la bile, en facilitera la descente dans les intestins, et le malade reprendra, à l'aide de ce stimulant et dans l'espace de quatre à cinq minutes, l'usage complet de ses facultés, délivrées de tout sentiment d'hébétude.

Dans la chute lente, la bile ayant déjà un écoulement facilité par les contractions du diaphragme, il suffit d'en obtenir la direction vers les intestins, par des frictions énergiques à l'alcool camphré, sur toutes les articulations et par d'abondantes ablutions à la décoction d'aloès sur les parties sexuelles.

On s'opposera au retour des attaques épileptiques, dans les deux cas, en administrant aux malades deux centilitres d'extrait de feuilles de grenadier, quatre fois par jour, pendant deux jours, dans un demi-verre d'eau, sucrée ou non sucrée.

L'extrait de cette feuille active la circulation du sang et a surtout une propriété absorbante sur la bile corrompue de l'épileptique.

Je prends la liberté d'adresser la parole à cet hôte que je remarque hautain et fier.

— Êtes-vous docteur en médecine ? je lui demande.

—Certainement, me répond-il, et mon diplôme en fait foi.

La thèse que j'ai soutenue à cette occasion existe imprimée dans les archives de la faculté et a même mérité à mon succès à l'examen la mention *bien*.

— Auriez-vous la bonté de me dire quel sujet vous avez traité ?

— Eh ! pardi, les névroses, cette maladie qui décime l'humanité.....

— Je vous arrête ; n'allez pas plus loin.

Les nerfs, remplissant dans l'organisme la fonction des aiguilles dans une horloge ou, si vous voulez, constituant les agents de la sensibilité animale, ne contribuent en aucune façon à des affections dont ils expriment l'acuité. C'est tellement vrai que le mollet, dépourvu en partie de ces agents, n'éprouve que très rarement une douleur exprimée par le reste du corps. Certainement, c'est la corde qui vibre, mais c'est une impulsion qui l'agite (1).

La santé peut être également projetée au loin grâce à l'influx nerveux (2).

Cette malheureuse erreur, dans laquelle vous avez recueilli, dites-vous, votre diplôme est responsable de calamités innombrables.

En effet, à l'aide de ce commode diagnostic, employé par tout praticien à bout d'arguments, des affections bénignes sont devenues des maladies incurables contrariées par le produit pharmaceutique appelé bromure de potassium, et devant le jour à un ambitieux qui ignorait certainement la composition chimique désastreuse de ce faible toxique.

Si vous voulez, je vais l'analyser.

Je commencerai par vous dire que je dispose d'instruments d'une précision telle que le plus petit atome ne saurait leur échapper.

Jetons la potasse dans l'alambic, et faites bien attention de recueillir exactement le résultat de cette analyse.

En premier lieu, je constate du calcium ; c'est de la chaux.

Je vois ensuite un produit qui échappe à mes connaissances. Ne serait-ce pas de la baryte ?... Mais si, son alliance à la potasse est due au calcaire résultant de la combustion des plantes, d'où dérive la potasse.

(1) Dr Foveau de Courmelles, *les Nerfs au xixe siècle*, 1890.
(2) Id., *le Magnétisme devant la loi*, 1890.

Ensuite je trouve parmi le calcaire un agent de nature à me glacer d'effroi. Mais c'est de l'arsenic ! Ah ! il émerge de l'alcaloïde obtenu du lavage que subissent les cendres devant être converties en potasse.

Je retire ces divers résidus et je remplis l'instrument distillateur de cet amalgame constituant le fabuleux agent dénommé brome.

Quelle quantité de matières renferme ce métalloïde ? Du reste, son nom le fait pressentir. En grec, il veut dire : ensemble (de Brôomos, puanteur, ou réunion de plusieurs corruptions).

Je sépare donc cet ensemble.

Le premier arrivé dans la cornue ressemble, à s'y méprendre, à l'argent en fusion.

Le second est à peu près similaire, avec cette différence qu'il contient du mélange. Ce mélange est la conséquence de l'action absorbante du premier sur ceux qui vont suivre, par cette raison que le mâle est toujours plus fort que la femelle, car les dérivés du premier représentent cette vérité dans leur nature.

Ainsi, celui tenant immédiatement après les deux précédents ne constitue que le minerai, dirai-je, du métal obtenu.

Un quatrième s'annonce avec de l'écume.

L'autre charrie, c'est le mot, un composé hétérogène.

Je laisse les parties insipides.

J'attaque le premier sorti. Je découvre un certain métal qui, administré à petites doses, serait à même d'abattre un bœuf.

Quel est ce métal? je l'ignore, au point de vue du nom qu'il porte; mais, ce que je sais, c'est qu'il provient du calcaire décomposé sous l'action de gaz beaucoup plus dangereux que l'azote.

Je passe au second, qui ajoute à ses déplorables propriétés celle du soufre dépendant de ce calcaire et extrait par la chaleur des gaz méphitiques.

Le troisième est déjà défini.

L'écume qui couvre le quatrième est la crasse laissée dans l'alambic par le précédent; et enfin cette masse hétérogène vient heureusement détruire le danger.

Il y a de l'alcali volatil.

Des acides en grand nombre et le plus bienfaisant de tous, l'opium, qui neutralise précisément le plus à redouter des éléments de cet ensemble.

Je demande à tous les hommes de bon sens et aux savants, qui en manquent souvent, si un pareil gargarisme ne serait pas de nature à déchausser les dents.

Je vais plus loin, et je demande encore si ce composé pharmaceutique peut impunément franchir la distance de la bouche au dépotoir, en passant par les divers organes.

Je termine là cet exposé d'un produit qui partage avec beaucoup d'autres la responsabilité de mortalités dues à l'ignorance.

Je désire venir en aide à ce personnage qui, accoudé à la roche tarpéienne, songe à découvrir les lois qui régissent l'embryon destiné à édifier la magnifique statue.

Je m'avance vers ce docte et lui parle en ces termes :

L'embryon prend naissance dans la copulation et dans cet acte, la femme n'a d'autre fonction que celle de concevoir l'élément fécondant et d'engendrer.

La double, triple ou quadruple fécondation est subordonnée à l'abondance de cet élément parvenue dans les ovaires, qui lui offrent des dispositions pour cette fécondation multiple, et les attraits d'une descente sanguine y affluant en petites gouttes dont s'imbibe l'ovule, par infinitésimes globules, pour attendre l'élément fécondant.

L'imbibition a lieu à chaque quartier de lune, par le déplacement régulier de gaz atmosphériques albumineux et alcalins qui pénètrent par l'exsudation dans le sang de la matière animale. Ces gaz enveloppent la réserve sanguine trouvée dans les ovaires et la poussent à l'adhérence de l'ovule, qui, en l'absence de l'élément fécondant dans le délai voulu par la nature (un mois lunaire ou quatre imbibitions), s'hypertrophie, éclate et trouve un passage dans les trompes de Fallope, pour disparaître à travers les fissures ou gerçures microscopiques de la membrane muqueuse utérine.

Par une de ces mystérieuses fonctions que la nature prévoyante a dévolues à certains organes, les trompes de Fallope complètent chaque imbibition de l'ovule au moyen du pavillon frangé qui ramasse et pousse contre ce rudiment la partie sanguine soustraite à l'action enveloppante des gaz albumineux et alcalins.

Par le même moyen, ces franges saisissent l'ovule qu'elles descendent dans la matrice, lorsque par le contact intelligent — je me risque — les trompes en constatent la fécondation.

De même qu'en l'absence de cette constatation, l'hypertrophie de l'ovule, à la quatrième imbibition, leur indique son inutilité procréatrice et la nécessité de son éclatement, auquel elles contribuent par compression et déchiré ensuite il fait place au suivant.

L'élément fécondant est fourni par les organes de l'homme, qui produisent régulièrement, sous forme de *larme*, un liquide visqueux, dont la jonction dans le réservoir séminal où il se porte le constitue en semence spermatique fécondante et créatrice.

Il y a toujours contact un peu plus tard, *cinq heures* après l'éjaculation, entre la semence spermatique et l'ovule, et par conséquent fécondation simple ou multiple, dans les conditions normales des organes générateurs : le coït unique, soit-il indifférent ou spasmodique de la part de la femme, cette fonction étant indépendante des causes de la fécondation et n'ayant d'autre effet que celui d'énerver ou d'établir la nature indifférente de cette dernière.

Dans les cas d'indifférence, la semence arrive dans l'ovaire directement par la matrice. Elle y parvient par les trompes de Fallope, en suite du coït spasmodique, qui fournit à cette semence une trace affriolante qu'elle suit.

J'expliquerai encore, dans une autre circonstance, l'origine de cette trace affriolante dépendant de phénomènes destinés à conduire l'anatomiste aux erreurs les plus malheureuses.

La fécondation devient masculine par l'abondance spermatique arrivée dans les ovaires. Elle est anormale dans l'indignité; rachitique et martelée dans l'état lymphatique de la femme, n'offrant plus à la semence que des organes dépourvus de puissance créatrice, mais cependant suffisante à la fécondation, alors inévitablement défectueuse.

La fécondation est enfin impossible dans le cas d'écoulement d'un mucus virulent utérin qui détruit au passage les animalcules spermatiques.

La fécondation simple, obtenue après la première imbibition de l'ovule, donne un produit plus développé dans ses facultés physiques et intellectuelles. Le contraire a lieu dans la fécondation multiple. Cela s'explique par cette autre loi de partage divisant les facultés, tandis qu'elles deviennent l'héritage d'un seul dans les fécondations simples.

La femme porte seule le rudiment masculin et

féminin et doit alterner dans cette production, la nature n'ayant pas confié au hasard le soin de résoudre une question aussi capitale au point de vue de l'ensemble harmonieux du globe.

Le rudiment réside dans la cavité de l'ovule et en établit la différence. Il est *ovoïde*, blanc et plus volumineux dans l'ovule droit pour le mâle; de forme *cylindrique*, blanc, tacheté de jaune dans l'ovule gauche pour la femelle.

La femme qui se livre aux excès lascifs jusqu'à la fatigue passionnelle n'engendre que la créature féminine, mais le plus souvent cette fatigue détruit l'ovulaire et détermine la stérilité. La confirmation de ce fait se trouve dans des familles appelées à des fécondations multiples, et qui, selon la loi naturelle, devaient alterner dans les deux productions.

Celle adonnée à la fatigue corporelle engendre d'abord la créature masculine et ensuite la féminine, et lorsque cette fatigue persiste, elle détruit l'ovulaire féminin, ne conservant que le rudiment des mâles. Il en est de même de cette constatation définissant l'inviolable loi de la procréation.

La gestation est uniformément fixée à la durée de *neuf mois lunaires*, époque durant laquelle le sang menstruel sert d'abord de constructeur à l'embryon et ensuite de nourriture à l'enfant. L'ovule suivant, privé d'imbibition, se fendille et s'atrophie, dépourvu du liquide destiné à sa fraîcheur et inutile à son but.

La parturition à terme a lieu par les contractions de la matrice, diminuée dans sa force équilibrante et agitée par l'effet de gaz délétères abdominaux détruisant cet équilibre et absorbant le peu de densité d'air respirable restant.

Ces gaz échappés du côlon ascendant vont directement remplir l'office dévolu par la nature, qui a soin de choisir pour ses œuvres les éléments les plus divers, mais toujours appropriés à la besogne à eux confiée.

Les accouchements prématurés peuvent résulter d'accidents, mais ils sont généralement causés, surtout à sept mois de gestation, par l'agrégation de gaz délétères provenant de la malpropreté vaginale qui pénètre dans la cavité de l'utérus par le col de cet organe.

Ces gaz désagrègent et absorbent la densité de l'air respirable contenu dans la matrice et obligent l'enfant à abandonner le lieu commun avec la mère, pour fuir cette atmosphère asphyxiante et compressible.

La densité conserve néanmoins la propriété de faciliter la sortie de l'enfant, en dilatant le col de la matrice.

Quant à la gestation de *dix mois*, ou de trois cents jours, il faut la reléguer au nombre des chimères. Il n'est pas possible de donner un aperçu ou une définition compréhensible de cette fable absurde, inventée par la fourberie et admise par la complaisance coupable ou dérisoire.

Il est démontré que l'élément spermatique n'a

plus de vigueur *dix heures* après l'éjaculation ; il est donc inadmissible que la descente des animalcules dans l'ovaire puisse avoir lieu *vingt-huit jours après*.

Dès que cette créatrice féconde et généreuse est avertie de la parturition, par conséquent d'un être créé et de la nécessité de contribuer à son développement, de même qu'à corriger certaines imperfections dues à la grossesse, elle arrête la descente sanguine qu'elle dirige dans les oreillettes du cœur, afin de la transformer en liquide lacté au moyen de la bile contenue dans ce liquide qui est débarrassé de son amertume par le principe *alcalin*, et édulcoré par celui *albumineux*.

La couleur *fauve clair*, il la puise dans son parcours de l'oreillette à la mamelle et devient blanc par le contact de l'air arrivé au fragile instrument, rappelant par sa forme ce fruit délicieux et bienfaisant, la *fraise* ; la nature affectueuse et sensiblement délicate ne voulant pas affliger sa créature par l'aspect repoussant d'une alimentation externe sanguine.

La Gale.

S'il est agréable de constater des soins de propreté parmi nous, il est bien pénible de signaler une affection qui n'a pour cause que la négligence de ces soins.

La malpropreté ou la contagion sont les seules causes de la manifestation de la gale.

L'indifférence apportée en général aux prescriptions hygiéniques par la classe ouvrière explique chez elle la fréquence de cette maladie; de même que son état endémique en Corse et en Bretagne, notamment, est dû au défaut de soins de propreté, très négligés par les uns, et à peu près méconnus par les autres.

La contagion de la maladie a lieu par le simple contact de l'épiderme du galeux, toujours en exsudation dans ses parties denses, principalement les mains, l'abdomen, les mamelles, les parties génitales, etc., envahis de larves microscopiques de facile adhérence et de pullulation rapide.

Par sa facilité d'éclosion et de transformation dans les liquides de la matière animale, l'ascaride céphaloïde joue un rôle considérable dans la plupart de nos infirmités.

Cet animal, dont le siège primordial se trouve dans les artères carotides de l'homme, y terminerait paisiblement son existence, si son déplacement n'était motivé, en premier lieu, durant l'enfance par l'effet de l'onanisme, défaut commun, ainsi que je l'explique plus loin, et, sans exception à cet âge, développé, dans son habitude précoce par l'influence d'une alimentation excitante, sous l'impression de conversation ou d'exemples licencieux, et surtout aiguillonnée par des principes abusifs héréditaires.

En second lieu, et dans certains cas, ce déplacement résulte d'abus génésiques.

Toutes ces causes déterminent chez l'enfant, dont la perspicacité est toujours en éveil, un besoin de céder au prurit génital inévitable, et qui amène dans l'intestin grêle, à chaque pollution, une quantité d'ascarides.

Chez l'adulte, l'abus précité se traduit par des abondances de bile circulant dans le liquide sanguin qui chassent l'animal de sa retraite et l'attirent dans cette corruption pour descendre également dans l'intestin grêle, d'où il sera appelé à constituer chez l'homme la dégoûtante affection dite gale; tandis que par anomalie il déterminera chez le chien l'épouvantable catastrophe qu'on appelle la rage.

Ces ascarides à leur passage sur le diaphragme décomposent la bile parvenue sur cette membrane, et facilitent par la corruption rapide qui en résulte l'éclosion de nouveaux ennemis de notre repos, le coléoptère et l'acarus.

Comme dans la rougeole, l'acarus survit seul, et, redoutant pour lui la loi de réciprocité carnassière dont il a l'intuition, il disparaît et cherche par prudence à se réfugier dans la masse sanguine qui fait conjonction avec la partie dense de l'épiderme, déjouant sur son parcours, tantôt par la ruse, en dissimulant certaine membrane, tantôt par la force la dent de ses nombreux ennemis, dont il parvient ensuite à détourner l'attention à son arrivée à l'épiderme, en pénétrant au moment favorable dans ses parties denses, sous la protection desquelles il goûtera un repos devenu nécessaire, avant de commencer l'œuvre de perforation qui doit lui assurer une sécurité complète, mais qu'il n'entreprendra toutefois qu'à la faveur de l'exsudation corporelle de la nuit, la menant rapidement à ses fins, si des mesures réfrigérentes de propreté ne viennent le refouler sans cesse et s'opposer constamment à son œuvre de destruction.

En l'absence de mesures de propreté efficaces, son travail nocturne, persévérant et plus habile que dans la rougeole, amène la rupture de l'épiderme et l'irruption de papules vésiculeuses dans lesquelles il se dérobe, pour y déposer sa fabuleuse progéniture, croyant avoir enfin trouvé, au loin, la sécurité et le repos.

Le moyen curatif de cette répugnante maladie est universellement connu.

L'Influenza ou Fièvre dengue.

Deux éléments se partagent la rapidité de la locomotion aérienne.

Le premier, beaucoup plus expéditif que l'autre,

embrasse, à la seconde, un espace considérable ;
il s'appelle Rayons solaires.

Le second, moins actif, dirige sa marche à travers les contrées de l'univers, obéissant précisément à ces rayons qui l'attirent ; il se nomme
Vent ou influence atmosphérique.

Cette influence, qui a des propriétés diverses,
la plupart inconnues de nous, joint à l'attraction
celle de la dispersion.

C'est ainsi qu'elle sème — expression exacte,
— tous les éléments qu'elle attire à elle.

Dans les dispersions, les émanations corrompues échappent à l'activité de locomotion, mais
la subissent quand même, dans des conditions
inférieures. C'est la raison qui explique la distance
parcourue en deux mois, de l'Asie-Mineure en
Europe, par des miasmes qui, d'après les lois
ordinaires de la vitesse des vents, auraient dû franchir cet espace en vingt-quatre heures, et frapper
en même temps les divers points du globe de
cette épidémie connue sous le nom de fièvre
dengue ou influenza nous arrivant, en droite
ligne, de ces sacrifices d'animaux, que dans
une superstitieuse aberration les sauvages d'une
croyance insensée prétendent consacrer à honorer
le Créateur, alors qu'ils immolent sa créature.

Cette boucherie abominable jonche le sol de
détritus et de parties d'intestins, abandonnés à
la corruption par ces fanatiques injustement épargnés — devrais-je écrire — dans ces hécatombes.

La corruption détermine celle de l'air ambiant,

et malgré la science qui toujours prend l'effet pour la cause, je le répète, cette corruption est due à l'influence météorique, ainsi que l'a défini, avec une autorité acquise et indiscutée, le docteur Foveau de Courmelles, rédacteur en chef de la *Revue des inventions nouvelles* (1).

Cette corruption est confondue ensuite, au passage de certains courants, avec la densité atmosphérique qui, en possession de cette peste, la véhicule partout, pénétrant notamment dans les organismes bilieux, chétifs, épuisés, adonnés aux excès de tout genre, désignant en premier lieu celui de l'amour.

Ces adjoints de corruption s'assimilent aisément à celle des miasmes asiatiques, et créent ensemble une morbidité indéfinisable, quant à sa nature. De là viennent les vomissements provoqués par les contractions du diaphragme, qui la repousse, la diarrhée ayant une cause inverse, c'est-à-dire amenée par ces contractions agissant en déversoir.

La fièvre résulte, nécessairement, de cette corruption donnant asile à l'innombrable cohorte de microbes, qui retirent par la succion le sang de l'épiderme et lui rendent l'excédent de leur nourriture complètement échauffé. Or, ainsi s'expliquent le chaud et le froid épidermiques périodiques du malade.

---

(1) Dr Foveau de Courmelles. *Dengue et Influenza, Revue des inventions nouvelles.* février et mars 1890. — *Le Magnétisme atmosphérique, Voltaire.* 23 juillet 1890.

Il s'agit, surtout, de distinguer la nature et la violence des vomissements, circonstance qui semble amoindrir, aux yeux de quelques praticiens, la gravité du mal, alors qu'elle réside dans ce fait.

C'est bien facile à comprendre.

Cette pourriture — car c'en est une — empoisonne sur son parcours et par infiltration toute la partie du thorax ; elle cause, en outre, des ravages qui compromettent le rôle conducteur du tube élastique, mais d'une finesse extrême, l'œsophage, destiné à conduire les aliments mastiqués dans la chaudière, et qui refuse tout labeur de ce genre, après l'expectoration : soit manque d'appétit.

Les maux de tête trouvent leur justification dans le passage, à l'éruption, de la corruption cherchant des issues.

J'explique, par cette constatation, les maux de reins et les indicibles courbatures ou prostrations.

Quant au catarrhe pulmonaire, apparent pour ceux qui d'habitude prennent l'effet pour la cause, il doit porter le nom d'expectoration puriforme dengue, et laisser au temps le soin de la faire disparaître.

Cette maladie, contre laquelle — criminelle inconscience — on fait usage d'antipyrine, n'a besoin que de chaleur et de repos, le malfaiteur latinisé lui prêtant un appui au lieu de la combattre.

Le chercher dans les tissus serait difficile. On

le retrouve plutôt dans la vessie, où le conduit l'urine, impuissante ensuite à le déloger.

La Pélagine ou Mal de mer.

Unis dans une même pensée, le docteur Henri Bennett et moi voulons apporter aux désagréments d'un voyage en mer le soulagement compatible avec les difficultés naturelles que présente la Pélagine ou mal de mer.

Les tempéraments bilieux sont particulièrement accessibles au mal de mer.

Les inclinaisons imprimées au navire en marche, par le balancement résultant de l'agitation des vagues, a pour effet d'agiter à son tour, et de faire déborder de la vésicule biliaire, la bile qui s'y trouve, soumise à l'épuration par la double fonction du cœur.

Cette bile, incomplètement épurée, descend dans le diaphragme et provoque la corruption de celle déjà clarifiée parvenue sur cette membrane pour coopérer à l'activité de la digestion des aliments dans la panse stomacale.

Cette corruption entraîne celle des aliments, qu'elle dirige ensuite vers l'œsophage, d'où les contractions convulsives de l'estomac, du diaphragme et des muscles abdominaux la poussent à l'évacuation.

Dans les conditions normales, ce désagrément n'offre aucun danger. Mais, lorsque le diaphragme contient une trop grande abondance de bile, la vigueur des contractions peut diriger la corruption dans les fosses nasales et déterminer de graves accidents.

L'infusion du café noir ayant une action détersive puissante sur la bile, il suffit d'ablutions de ce liquide sur la poitrine à hauteur du diaphragme, et cela pendant cinq minutes, une demi-heure avant le repas qui précède l'embarquement et avant tous ceux qui le suivent, pour se soustraire aux atteintes de mal de mer.

L'*ablution* est préférable à l'*ingestion* ; celle-ci disparaît dans la déjection des aliments et n'a d'autre action que celle d'en décider leur descente à l'expulsion, tandis que l'ablution joint aux mêmes propriétés celle d'éliminer la bile corrompue et de simplifier les précautions qui suivent.

Héméralopie.

Je pénètre dans cette agglomération d'individus dont quelques-uns me paraissent atteints de cécité.

Je me rassure à l'instant, car je constate l'existence de l'affection dite héméralopie ou cécité passagère.

La fréquence de l'héméralopie dans certaines contrées, la sévérité qui préside au choix des denrées destinées à la nourriture des soldats, des marins, des prisonniers, et l'absence constatée de tout désordre intestinal dans cette maladie, ne permettent pas d'en attribuer la cause à une alimentation défectueuse ; de même que sa manifestion intermittente ne saurait lui donner l'humidité d'une habitation pour origine, l'humidité n'ayant, du reste, d'autre influence que celle d'activer la fonction des muqueuses productrices d'humeur et d'engendrer certaines infirmités qui résultent de cette activité, entre autres la création de nouvelles glandes lymphatiques.

Dans les habitations, dans les casernes et dans les prisons, l'héméralopie, infirmité passagère, est le résultat d'un défaut d'aération et d'hygiène, et surtout de l'agglomération d'hommes malpropres.

Dans certaines contrées, elle est due à la culture des textiles et notamment à celle du chanvre.

Les émanations saturées d'azote et d'hydrogène de cette plante et les gaz méphitiques qui se désagrègent dans un milieu d'hommes privés des soins élémentaires de propreté, et surtout de moyens destinés à faire disparaître la trace de défécations qu'ils gardent dès lors sur eux, offrent des affinités à certains courants atmosphériques délétères, qui pénètrent dans les habitations, abaissés dans leur calorique au crépuscule.

De ces affinités résulte l'absorption de l'air azoté et la formation de gaz oxygénés qui enveloppent les hommes essentiellement malpropres, facilitent la déformation momentanée de l'iris, absorbent le contenu de la glande lacrymale et déterminent la cécité.

Cette bénigne infirmité cesse à l'apparition du jour dans les établissements de l'État, en raison de la combustion des gaz oxygénés, qui s'est opérée pendant la nuit au feu de l'éclairage.

La propreté corporelle rigoureuse est le seul traitement décisif contre cette infirmité et contre ses atteintes.

La Suette.

Ainsi que je l'ai annoncé au début de ces conseils hygiéniques, je vais m'occuper, à cette place, de la calamité dont notre ignorante incurie supporte la responsabilité que, du reste, nous surchargeons de beaucoup d'autres.

Je commence donc à décrire cette calamité, qualifiée de *suette* par ceux qui, ne considérant que l'effet, ignorent la cause.

Lorsqu'une affection locale quelconque dégénère en épidémie, la cause en réside, presque toujours, dans la fermentation des *cloaques*, des *marais*, de *certaine terre fraîchement remuée*, des *décombres pourris*, des *latrines*, de la *fange* des *étables* à *porcs*, et, enfin, de ces dispensateurs de fléaux, les *égouts*.

La nature endémique de la suette dans la Picardie, et son apparition limitée à certaines contrées de la France, et dans les casernes, permettent d'attribuer à une de ces causes cette affection essentiellement morbide.

Les exhalaisons des latrines corrompues, dues à l'imprévoyance et à l'incurie, apportées par les habitants de ces contrées, dans le mode d'écoulement de la matière fécale, offrent des affinités à certains courants délétères descendus de l'atmosphère avec l'abaissement des nuages.

Ces courants subissent l'attraction chimique, qui résulte de deux agents similaires de composition fermentée, et s'introduisent dans les bouches d'égout et les latrines.

Ils absorbent, dans les dépotoirs humains, la partie fermentée et la poussent à l'orifice de ceux qui sont dépourvus de syphon.

Cette fermentation intense pénètre dans la matière animale par l'exsudation de l'anus, toutes les fois que des exigences naturelles nous appellent dans le cabinet aux défécations.

Les émanations fermentées, parvenues dans l'organisme, entraînent la corruption des matières élaborées qui subissent la loi de répulsion et cherchent à disparaître par toutes les issues ouvertes à l'évacuation, y compris celle des pores épidermiques qui donnent passage à la corruption, sous forme de liquide jaunâtre.

Ainsi s'expliquent les éruptions de l'épiderme.

La diarrhée a pour cause l'évacuation de la bile corrompue, et les vomissements celle de la bile échauffée, poussées l'une et l'autre à l'expulsion par les contractions du diaphragme.

La bile corrompue détermine les douleurs céphaliques, au sternum etc., par sa présence sur le diaphragme. Celles des lombes, des extrémités, etc., résultent du passage de cette bile à l'évacuation ; et, enfin, les mouvements précipités du cœur dépendent du plus ou moins d'activité imprimée à cette évacuation par la vigueur des contractions.

La suette a des causes multiples de contagion : elle atteint plus particulièrement les femmes, en raison de leur faiblesse organique presque constante, qui facilite la corruption de la bile.

L'usage commun des latrines explique la présence de cette maladie dans les casernes et dans des familles entières.

Je prends le bras de ce conspué ami, et je l'engage à faire comme moi, c'est-à-dire braver la critique des ignorants, et à parler dans l'intérêt de la science.

Il m'ouvre alors un crâne, toujours en sa possession, et, glissant son doigt sur le bulbe, il l'arrête à la case portant le n° 28.

Voyez, dit-il, cette éminence entourée d'autres éminences, comme un roi de ses ministres.

C'est de là que partent constamment des ordres

de toute nature et dans toutes les directions, à l'aide d'appareils délicats qui correspondent entre le roi et ses subordonnés.

Je m'occuperai seulement du premier fonctionnaire, habitant le rez-de-chaussée du palais.

Ce magistrat est sans cesse attentif aux ordres du maître. Ces ordres sont de deux natures : ceux relatifs à la douleur et ceux afférents à la joie.

Dans son mouvement ascensionnel, le souverain décide des fibres linguales à lui dévoiler les douleurs de l'État, et dans celui de la descente il communique ces douleurs aux agents gutturaux naturellement chargés de faire mouvoir le pharynx, détenteur par sa disposition conique du moyen d'expression, c'est-à-dire du son arrivant à sa destination en faisant élargir la papille linguale.

Quand il s'agit de recevoir et transmettre l'agréable sensation de la joie, l'appareil, correspondant au rez-de-chaussée, d'une part dans la carotide et d'autre part dans la ramure linguale, agite la glande distributive de ce sentiment. A cette agitation, l'infinitésime organe gonfle et déplace d'autres appareils, correspondant au pharynx.

La ramure linguale, agitée à cet appel, dispose la papille à répondre, en livrant passage au son échappé du pharynx.

Le même phénomène a lieu, toutes les fois que le détenteur du pouvoir répond à l'avertissement qui lui est transmis par les cinq sens, dispensateurs de l'émotion.

Descendons à ce détail intime, la *mastication*.

Des écarts dirigés, tantôt à droite, tantôt à gauche, et même en arrière, permettent à l'appendice buccal de ramener au centre des glandes salivaires, avec une agilité étonnante, les aliments broyés par l'engrenage délicat et gracieux.

Arrivant au laborieux travail de la *déglutition*, travail aussi ingénieux que difficile, destiné à descendre la pâte déjà distillée par la bile humectante, nous devons constater un phénomène étrange et adipeux.

Ce phénomène consiste dans les multiples évolutions de la langue, qui déplace dans ces évolutions certaines glandes du pharynx, et détermine la chute des aliments mastiqués, chute provoquée par le mouvement de bascule établi par les déplacements avec les cartilages de la glotte.

Je laisse accomplir la fonction digestive et je pénètre dans le palais.

Je demande à cette éminence, à laquelle j'ai donné le nom assez vague d'*approbativité*, la cause de ses décisions relatives à des fonctions grandioses, et de celles qui déclinent vers des futilités.

Le secret de ce mystère, est, en entier, dit-il, dans la grandeur des appartements de cette demeure. Si vous désirez le connaitre, il faut descendre auprès de mon associé, le cœur, et, vous plaçant à côté de lui, suivez attentivement sa fonction.

Dans celle distributive du liquide qu'il élabore, il me fait parvenir différentes sensations.

Lorsqu'elles arrivent, je retiens celles dépendant du bien-être général, et je lui réponds en agitant des fibres afférentes aux lobes inférieurs qui, eux-mêmes, détenteurs de sensations multiples, les communiquent à la matière animale au moyen de leurs correspondantes épidermiques.

Encore de cette demeure partent continuellement des ordres dans d'autres directions. Ces directions choisies par chaque organe dépendent d'influences, originaires elles-mêmes d'autres influences, décidées dans la fonction de cette famille unie appelée les *cinq sens*.

Ainsi l'*ouïe*, celui des sens qui dispose de la sensation énervante, dispose en même temps de moyens de communication rapides, et fait parvenir à l'autorité la commotion énervante aussitôt qu'éprouvée.

De son côté, la puissance cérébrale a imité cette rapidité dans la transmission de la commotion à ses agents chargés de la communiquer à la matière animale, c'est-à-dire aux fibres endermiques au moyen desquelles tout l'organisme est en énervation dans le cas de frayeur.

Dans ceux d'affectation du tympan, l'ouïe, plus lente à transmettre cette affectation, se trouve par cela même plus éloignée de la réponse et, de là, sensation épidermique appelée vulgairement *chair de poule*.

Il en est de même, lorsque cet organe est affecté

par des bruits désagréables. Dans ce cas, il défère sa commotion au pouvoir, dans des conditions étranges.

Au lieu de faire mouvoir des fibres directes, il contourne l'éminence immobile et arrive à son but par la case n° 8, complètement opposée au sentiment de la colère ; cette dernière agite celle dépositaire et dispensatrice de ce mauvais sentiment, qui change à cet appel, et seulement dans ce cas, la colère en irritation nerveuse.

Il arrive, parfois, que cette distributrice d'accidents imprévus et calamiteux dirige la même réponse à deux agents différents : au *cœur* et au *foie.*

Dans cette occurrence, le cœur, premier averti, figure cet avertissement en détendant certains muscles alliés au diaphragme. Ce composteur imprime cette désagréable sensation au foie dépositaire de bile en corruption ; celui-ci détend, à son tour, des cavités épithéliales qui déjectent cette bile, dirigée vers l'œsophage, où elle détermine l'apparence blème, indice de penchants irascibles et de mauvais caractère, lorsque cette apparence devient persistante, et qu'elle provoque, outre le gonflement des amygdales, celui des artères carotides et se retire en grognant, déçu dans l'application de ses ignobles désirs.

Je me place, dit Gall, à côté du cerveau, et, agissant sur la matière, je vais donner la fonction à ces travailleurs unis d'une même famille appelée les *cinq sens.*

L'ouïe est le premier membre.

Attentif à tous les bruits du dehors, il les signale à chacun de ses frères.

La vue complète cet ensemble et joue un rôle considérable dans l'exercice des quatre autres.

L'ouïe, par exemple, énervée par la colère, charge son frère, le toucher, d'y répondre, et la vue dirige cette réponse.

Dans le cas de larcin, c'est encore cette sœur qui indique le but au toucher.

Le goût ne satisfait ses appétits que secondé par elle.

Enfin, l'odorat arrive à ses fins aidé de ce précieux auxiliaire.

Je reviens au goût. Enivré par des sensations diverses, il lui faut sans cesse renouveler ces sensations.

A cet effet, le toucher, dévoué serviteur de chacun des membres de la famille, cherche autour de lui des occasions de se rendre utile, et, dans une déférente intention, il conforme cette utilité aux désirs du goût, manifestant, notamment pour ce frère, un empressement et une activité sans pareils.

De ses moyens appropriés à satisfaire ses désirs, il façonne mille objets divers. Tantôt il accommode des aliments dans lesquels son habileté vise à éveiller les satisfactions les plus variées. Tantôt, voulant provoquer des sensations nouvelles, il a recours aux artifices de l'art culinaire, entre autres ceux appelés à rétablir la sensibilité émoussée dans une longue absorption du même aliment, dont l'usage prolongé a déplacé la suavité qu'il a changée en dégoût. Dégustateur à l'occasion, mais faux expert, il commet la maladresse de prendre pour juge l'amertume de l'élément bilieux de la bouche, qui trompe cet inexpérimenté.

La déglutition, contrariée par cette fausse appréciation, se plaint au toucher, afin qu'il modifie la façon d'opérer. Celui-ci, toujours docile et dévoué, mais privé de la faculté d'apprécier en quoi doit consister la modification, appelle à son aide l'*odorat*, dégustateur, au besoin, et qui, doué d'une finesse excessive, décèle au paria dans l'incertitude, le met propre à rétablir l'équilibre détruit par ces deux agents opposés, le goût et le le dégoût.

Apparaît, alors, le raffiné de la famille, héritier de la sensation la plus agréable ; sensation dépendant de causes absolument étranges, définies en deux mots : *décomposition* et *fermentation*.

La nature, destinée à consumer tout ce qui existe, en a voulu le dépérissement dans ce but.

En vertu de cette loi immuable, la décomposition entraîne la consomption de la matière animale et la rigidité, la destruction des plantes.

Dès que la chose créée apparaît à nos yeux, elle marche vers sa destruction. C'est ainsi que des corps parfaitement organisés et sans moyens de conservation en dehors des lois générales naturelles dépérissent par le seul fait, qu'appelés à compléter la parfaite harmonie du globe, ils deviennent inutiles et même nuisibles après un certain temps.

Il se produit alors le phénomène de décomposition pour la matière animale, et celui de fermentation au sujet des plantes.

Ces deux diffusions ne sont sensibles que pour l'agent odorat, disposant d'une finesse ajoutée à des éléments de constatation divers.

La membrane muqueuse nasale fournit l'instrument opérateur, qui emprunte dans un mouvement ascensionnel imperceptible, et seulement dans la circonstance de faire acte de juge, des atomes au cerveau, et, dans celui de la descente, il fait correspondre ces atomes avec ceux échappés à la décomposition ou à la fermentation.

Des affinités s'établissent entre ces deux molécules ; la narine les absorbe et les conduit au cerveau, qui, détenteur de toute émotion dirige cette constatation dans la fosse nasale, prise en qualité d'appréciatrice à chaque opération de cette nature, différent en cela de celles où il s'agit de constatations ordinaires, toujours dévolues à la muqueuse.

Je pénètre, en même temps, dans ces vastes appartements meublés avec un soin différent des petits.

Je vois, entre autres, dans la case 17, des appareils d'un nouveau genre.

Examinez-bien, me dit Gall, je vais les faire fonctionner.

Celui-ci, enroulé, dirai-je, dans une pyramide, descend directement au cœur, en passant à travers les fibres plus volumineuses du larynx.

Ce câble minuscule s'agite dans un acte de bravoure. A côté, vous voyez celui de la générosité. Je néglige une infinité d'autres, pour arriver plus vite dans le sanctuaire de la science.

Rangés avec méthode, autour d'une autre pyramide, dans la case 27, ces laborieux locataires attendent chacun leur appel.

Le premier, désigné par un petit signe conique, appartient aux astronomes.

Le second, de forme hexagone, représente les mathématiciens.

Du troisième, ovale, dépendent les anatomistes.

Le quatrième, également de forme ovale, porte en lui la faculté médicale.

Le cinquième, imitant une fleur, est réservé aux chimistes et aux botanistes.

Le sixième, le septième, et les autres au nombre de quatorze, sont afférents à des aptitudes diverses ; depuis la mécanique jusqu'à la chorégraphie, car la chorégraphie est un art, dont le secret est à peine connu, et qui a donné naissance à des célébrités, au charme enchanteur, présent encore à notre esprit.

Comment deviner dans ce dédale la faculté dévolue à chacun ?

En agitant, dirai-je, pendant quelque temps ces diverses cordes.

Celle correspondant aux astronomes vibrera

aux contemplations constellées, dirigées avec intelligence et rendues attrayantes par des explications données sur chaque groupe d'étoiles.

Si l'enfant trouve un certain charme à ces leçons, il est né astronome.

Le calculateur ou mathématicien a besoin d'instruction préalable.

Il est, du reste, à remarquer que les enfants se montrent rebelles aux calculs qui exigent une certaine tension d'esprit, et ne s'adonnent aux mathématiques que dans les classes avancées.

Pour connaître et ensuite développer cette faculté, il convient d'exercer l'enfant à des combinaisons de chiffres qui lui rappellent des objets de prédilection.

Au temps des billes, on l'exercera sur des calculs ayant ce jouet pour exemple. Dans d'autres circonstances, le sujet changera nécessairement.

Mais, arrivé au *saut de mouton*, on lui demandera comment il franchirait un de ses camarades, ayant une courbure de un mètre de hauteur, alors que ses jambes, ont à peine quarante centimètres.

S'il répond :

En sautant, il n'a aucune disposition linéaire.

Si son petit cerveau réfléchit, il est mathématicien, par la raison, occulte certainement, que les deux mesures indiquées ont frappé certaines fibres correspondant au signe spécial.

L'aptitude chirurgicale est dévolue à ces caractères ne redoutant rien, toujours prêts à combattre, excités à la moindre contrariété.

Je demande aux garçons bouchers si ce n'est pas là le fond de leur nature et si, nés dans d'autres conditions sociales, ils n'auraient pas choisi cette carrière ?

Le brave J.-J. Rousseau disait, sans savoir pourquoi, sans doute, que les bouchers et les cuisiniers étaient des natures à part. Je vais compléter sa pensée.

Les cuisiniers sont, à l'égard des bouchers, des embryons de colère, par suite de dispositions qui neutralisent l'effet dangereux de cette dernière. Ces dispositions émanent d'une case intermédiaire, qui s'est déplacée dans un acte douloureux pendant la grossesse ; tandis que chez les congénères elle a, au contraire, empiété sur celle de la colère, dans une conception devant son existence à des irritations conjugales.

La faculté chirurgicale ne demande d'autre exercice que du savoir, secondé par l'habileté de la main. La sensibilité humaine, toujours absente dans une opération, n'influe par conséquent en rien sur la dextérité du praticien.

Dans un sentiment intime, nous découvrirons la qualité précieuse du médecin.

Nous avons tous goûté à cette coupe amère et délicieuse, en même temps, qui porte ce nom si doux, d'amour.

Ceux qui se sont abreuvés à son amertume, c'est-à-dire à son parfum grossier, doivent renoncer à soulager leurs semblables, et, bien que possesseurs du diplôme qui confère ce droit, ils en feront usage sans succès.

Cette anomalie, comparée aux résultats qu'obtiennent ceux ayant bu à la partie délicieuse, exigerait un développement trop long pour cet ouvrage ; je demande donc à borner cette fabuleuse découverte à l'explication du second cas.

La matière animale produit des exsudations constantes, exprimées en globules microscopiques dérobés à notre vue — point de départ du phénomène hypnotique. — Cette exsudation conserve dans son ensemble l'indice de l'état intérieur de la matière, et s'unit à celle du praticien, dégagé lui-même de tout sentiment grossier. Des affinités s'établissent entre ces molécules et servent à correspondre d'un cerveau à l'autre. Ainsi s'expliquent ces diagnostics que le malade répète en approuvant, et ainsi se justifient ces étonnants succès, puisés par certains dans une science d'où les autres ne savent extraire que le doute et l'incertitude.

Je vais encore faire grincer bien des dents ; mais, comme jusqu'ici rien n'est venu expliquer la raison pour laquelle, dans l'art médical, le savoir diffère dans des proportions considérables entre des savants arrivés ensemble au sommet de la science, j'attends d'autres justifications.

Je prends dans la nature le signe qui distingue les chimistes.

J'arriverai par le même moyen à dévoiler celui des herboristes.

Cette fleur odoriférante, de forme si gracieuse, la *tulipe*, répand un parfum — je donne, par délicatesse, ce nom à l'émanation — qui offre des affinités avec le sens de l'odorat chez certaines personnes, c'est-à-dire qui se sentent enivrées par ce parfum, sensation que ne saurait leur produire toute autre fleur.

Cette sensation dévoile la qualité innée et la gloire future du chimiste, s'il se consacre à cette utile, intelligente et dévouée science.

Dans le même parterre je découvre l'agent qui m'indiquera les botanistes.

Nul ne se douterait, bien certainement, que le *bouton d'or* va exercer des fonctions dévolues, en général, aux maîtres de la science.

Je le cueille, et, le présentant à mon élève, je lui demande comment il trouve cette fleur.

Insignifiante, dit-il. Par convenance, je m'abstiens de lui présenter du chardon qu'il apprécierait beaucoup mieux sans doute.

Je me tourne vers l'autre, et, lui faisant la même question, il répond : admirable ! Voyez-donc la régularité qui préside à cette couronne, dont les fleurons symétriquement rangés semblent servir de protecteur à la tête qui les porte, émaillée de cheveux d'or.

Ou bien, résumant sa réponse, il s'écrie : Comme tout est admirable dans la nature ! Ce bouton d'or, égaré dans des terrains incultes, est un chef-d'œuvre d'harmonie.

A ces réponses ou toutes autres approchant, on reconnaît le botaniste.

La faculté *mécanique* est assez difficile à découvrir chez les individus.

Cependant, j'ai constaté un indice infaillible.

Dès qu'un enfant démontre des préférences pour les outils servant à fabriquer des objets, il a des dispositions pour cet art, qui se borne cependant à l'habileté manuelle, si l'instruction ne vient développer cette faculté !

J'en conclus que la loi sur l'instruction obligatoire va donner naissance à des génies en mécanique.

Je vais faire sourire ces gens grossiers, pour qui rien n'égale un bon repas, car je prendrai dans la délicatesse inverse le sujet de ma découverte afférente à cet art enchanteur, la danse.

Certainement, je pourrais m'en tenir à cette distinction, pour expliquer l'agilité des uns et la difficulté animale des autres. Cependant, engagé dans la lutte, je rentre dans l'arène, je promène un regard scrutateur sur mes comparses, et je choisis, sans hésiter, celui qui me paraît doué de l'agilité chorégraphique.

A quel signe l'ai-je reconnu ?

Le voici :

La partie thoracique offre un faible développement ; le contraire a lieu chez le gastronome.

Cette différence corporelle donne à l'élasticité des nerfs la puissance que lui refuse un thorax développé, et cela s'explique même par la géométrie, étant donné qu'une base énorme a de petites extrémités. Mais, je désire encore ajouter quelques preuves.

La plus sérieuse est celle-ci : Je mets au défi tous les habitués de théâtre, faisant appel à leurs souvenirs, de signaler une seule ballérine digne de ce nom, dont la taille dépasse dix-huit centimètres. de diamètre.

D'autres preuves encore.

Quel est celui d'entre nous qui pourrait expliquer ces écarts de membres, cette agilité à glisser — car elle glisse — sur la pointe des doigts de pieds, si ce n'est à une détente extraordinaire de muscles ?

Enfin et dernier argument.

Je le demande aux artistes elles-mêmes. N'est-ce pas à la sobriété et je dirai même à la privation d'aliments que vous devez ces étonnants triomphes chorégraphiques ?

Gall, déposant le crâne, objet de nos études, dirige sa marche vers une fontaine voisine.

— Que faites-vous, cher Maître, vous abandonnez votre trésor.

— Je reviens, soyez sans crainte. Je vais à cette

source puiser l'élément qui me permettra d'inonder cette mécanique et de la faire fonctionner dans son ensemble.

Je dirige le liquide à travers ces deux conduits, gonflés dans la colère, et je vais attendre un instant pour que le fleuve alimente ses affluents, grands et petits.

Le premier porte un nom connu, il se nomme artère cérébrale. C'est lui qui déverse son contenu dans ces canaux minuscules qui foisonnent autour de ce vaste domaine.

Dans son mouvement ascensionnel, le propriétaire de ces richesses emplit ses réservoirs — regardez; — dans son mouvement descendant, il rejette l'excédent et garde la partie ferrugineuse qui contribue à la fertilité du sol, comme le limon déposé par le Nil.

Cette fertilité se traduit par l'abondance des récoltes en Orient, et ici par la puissance créatrice, qui constitue la récolte humaine.

Ces infiniment petits, auxiliaires de l'irrigation, transmettent cette puissance, qui fait retour au cœur, entrainée à chaque nouvelle inondation venant remplacer, en tous points, la première.

La force acquiert de nouvelles propriétés à chaque fonction dépurative du cœur. Mais lorsque le creuset ou l'oreillette de l'alambic est par trop encrassé, il ne distribue évidemment que de la crasse.

Je n'ai pas besoin de vous en dire plus long, car j'ai constaté que précisément votre œuvre a

pour but moral des conseils de nature à éviter et
cette crasse et ses conséquences.

***

Fièvre puerpérale.

Avant de quitter cet antre et donner mon obole
au gardien du lieu, je vais adresser quelques
mots à cette brebis, que je considère avec une
respectueuse tendresse procédant à l'allaitement
de son nouveau-né.

Comment, déjà mère ? ma douce brebis, et
vous êtes à peine à l'âge du rut.

Je vous félicite de cette obéissance à des lois
immuables, car je vous vois à l'abri de la calamité humaine dite *fièvre puerpérale*, détruisant
l'ouvrier après l'accomplissement de son œuvre.
Or, sachez-le bien, c'est dans le mépris de lois
édictées par le Créateur que nous puisons la plupart de nos infortunes. Celle-ci est, en quelque
sorte, le corollaire des bienfaits qui résulteraient
de notre soumission aux sens qui nous sollicitent
à certain âge.

Comme je l'ai exprimé bien souvent, la créatrice de toute chose a, dans une admirable prévoyance, réglé chacune d'elles.

C'est ainsi que, par un signe extérieur, elle nous
convie à lui prêter aide dans l'accomplissement
de sa tâche, et se fâche de notre désobéissance.

Aussi que fait-elle ?

A chaque fécondation improductive, c'est-à-dire lorsque nous refusons notre concours, au commencement de cette fécondation, elle détruit dans l'organe le sujet destiné à être fécondé, et le chasse de ce grenier d'abondance, pour être expulsé au dehors.

Qu'arrive-t-il alors ? Un déchirement inutile de tissus qui, comme les autres, font partie de notre être, tandis que dans la fécondation cette déchirure n'existe pas. L'œuf étant descendu entier dans la matrice, cet organe, du reste, le rejeterait à son tour, s'il n'était pas absolument intact, obéissant en cela au rôle qui lui est dévolu de conserver les œufs fécondés et de jeter — c'est ainsi qu'il faut dire — ceux punais ou défectueux ; la nature — ce grand mystère — cachant à nos yeux la cause de ses exigences, le plus souvent bien difficiles à expliquer, mais, remarquons-le, toujours utiles à cette harmonie dont le grandiose effet est encore un mystère !

Je reviens à la déchirure. La cicatrice constatée dans l'ovaire, à chaque époque menstruelle, a des conséquences malheureusement ignorées jusqu'ici, et que dans un suprême effort du cerveau j'ai eu la bonne fortune d'éclaircir.

L'ovaire est intimement lié à la vulve.

Les ignominies que je signale dans cet écrit lui parviennent avec toutes leurs conséquences, en passant par l'utérus et les trompes de Fallope qui aboutissent au grenier d'abondance.

Il advient, dans cette circonstance que la cicatrice ouvre ses lèvres à la corruption sanguine inévitable, en suite de ces monstruosités. De là, nécessairement, les kystes indiqués dans la science, et dont l'enveloppe éclate parfois, déversant son contenu dans l'utérus. Alors se produit le phénomène de l'attraction qui existe entre deux agents similaires, c'est-à-dire que la pourriture utérine attire à elle celle véhiculée par l'atmosphère, à l'aide de courants empestés. Là ne se borne pas le désastre. Cette composition chimique délétère, abritée dans la cavité de l'organe, se répand dans son entier au moment de l'agitation qu'il subit, à l'expulsion de l'enfant.

Remarque qui a dû être faite d'un écoulement puriforme, venant après les eaux, et de l'apparition de la fièvre puerpérale, mortelle en général pour les sujets épuisés et, oserai-je le dire, par la duplicité de certain praticien.

Cette fièvre est donc le résultat d'une corruption.

Que faudrait-il pour la prévenir?

Des injections au tanin dans la section vaginale, et des émollients dissolvants sur la partie lombaire.

Je conclue par deux considérations.

La première : que cette affection est commune aux femmes lascives.

La seconde : qu'elle n'offre aucun danger au savoir intelligent.

Que me permettrai-je d'entreprendre, après ces définitions ?

Je ne voudrais pas, cependant, quitter cet antre sans confier à chacun des hôtes qui l'habitent la réflexion suivante.

Si une quantité déterminée d'un agent thérapeutique quelconque est de nature à entraîner la mort, la dose qui la précède, dans n'importe quelle proportion, ne peut être salutaire; ou la logique est un vain mot.

Autre hypothèse.

Un projectile, destiné à détruire un obstacle, détériore, quand il ne peut anéantir, tout ce qu'il rencontre dans son parcours, avant d'atteindre le but.

Deuxième logique, dont la démonstration naturelle a inspiré sans doute à Hippocrate la méthode des frictions si recommandée par les anciens, de préférence à l'ingestion, pour traiter directement, au moyen des pores épidermiques, un organe affecté.

Je prends mon chapeau et, me couvrant, je dépasse ce labyrinthe..... J'allais oublier son vigilant gardien ! Revenant sur mes pas, je paye mon droit d'asile à ce cerbère, à l'aide du trésor dans lequel je puise le récit de la merveille promise.

De la Grossesse.

La grossesse est tributaire de calamités innombrables.

Chez l'animal, cette fonction s'accomplit naturellement en dépit des saisons, des intempéries, du froid et du chaud.

Chez le fabuleux animal appelé l'homme, elle est contrariée à chaque instant.

Ces contrariétés ont pour cause principale la répétition de l'acte procréateur qui distend la matrice, énerve des fibres de cet organe et s'oppose à son rôle de créateur sans cesse occupé à compléter son œuvre.

Viennent ensuite les courants atmosphériques délétères qui s'introduisent dans la matière animale et vont d'organe en organe répandre leur pernicieuse influence, déterminant notamment la compression de l'utérus et contrariant, par conséquent, le développement du fœtus.

En troisième ligne arrivent, à la file, les calamités dont je parle, ayant pour escorte : l'abus d'aliments fermentés, entre autres l'abominable assemblage de légumes décomposés à la lumière, par suite d'un long séjour en dehors de leur enveloppe, et ces détritus informes appelés viande de boucherie, façonnés en ragoût;

Les préparations culinaires dans lesquelles

entre, en grande partie, la pourriture que l'on étale sous le nom de viande de porc ; encore cette peste, vendue au marché, et que l'on appelle gibier.

Passons maintenant aux boissons.

Abstraction faite de certains produits du raisin, et exceptionnellement rares, tous les dérivés doivent être rigoureusement proscrits de l'alimentation de la future mère. De même ce breuvage fourni par des industriels sans scrupule destiné à tant de désordres organiques, et portant une embellie mais fausse étiquette de *cognac*.

Cette dernière tromperie déforme la cavité de certaines artères et empêche la circulation régulière du sang, destiné à cet être aussi délicat que prudent, et qui refuse toute nourriture arrivant à sa destination, contrariée dans sa marche.

Quant aux effets culinaires, la fonction dépurative du cœur, rejetant tout ce qui doit nuire à la force de l'être à créer, dirige des amas corrompus et inutiles dans l'abdomen , en même temps que l'extrait nuisible passe dans des conduits afférents à la transmission du sang menstruel.

L'enfant, éprouvé déjà dans d'autres circonstances, refuse toute alimentation et meurt faute d'aliments.

Ainsi s'expliquent ces couches difficiles amenant un cadavre.

Avant d'arriver à cet état, le martyrisé a subi différentes transformations. Celle de cadavre est évidemment la dernière , précédée d'une agonie

lente et douloureuse, dont il s'est plaint à la mère
en détendant des muscles jambiers, déterminant
dans leur élasticité ces coups frappés en signe de
détresse et retentissant dans la cavité de l'utérus,
d'où ils raisonnent aux aines de l'inconsciente
mère.

Avant cet acte définitif, l'enfant a éveillé certaines douleurs passagères aux amygdales par
des fibres détendues au contact du sang rejeté
par lui.

Entrons maintenant dans le foyer où se coule
le bronze destiné à la magnifique statue.

En descendant de ce conduit appelé *trompes
de Fallope,* la matière en ébullition, c'est-à-dire
déjà en marche vers le moule, laisse échapper de
cette incandescence des effluves qui, réunies à
d'autres provenant de l'utérus, forment la coquette
et transparente enveloppe qui couvre cette matière
comme l'enfant déjà dans son berceau, et devenant plus opaque à mesure de la construction de
l'embryon.

Cet état dure en général *vingt-huit jours,* en
raison de la menstruation arrêtée au passage et
dirigée ailleurs que vers l'ovulaire. (J'expliquerai
aussi ce phénomène plus tard.)

Entrons encore beaucoup plus en avant dans
cette usine où se fabrique la merveille dont le
produit défie les artistes les mieux doués, et n'a
d'égal en perfection d'autre compétiteur que celui
qui en a conçu le merveilleux ensemble.

En nous plaçant au sommet de la forme ou moule, nous assisterons à des travaux anatomiques incomparables, en ce sens qu'ils diffèrent de toute conception humaine.

Examinons donc attentivement ce commencement de création, et demandons-nous de quelle puissance intelligente et infinie dispose l'auteur de pareil miracle.

Dès la couverture de l'embryon, la myriade d'animalcules, renfermée dans chaque sphère microscopique, défonce le bulbe qui la garantit contre les atteintes de certaine nature, et se placent d'eux-mêmes dans les parties afférentes à chacun d'eux.

Ainsi, ceux provenant du cerveau constituent la forme anatomique, décrite dans un admirable livre par le célèbre et critiqué Gall.

Ceux destinés aux jambes de l'enfant déjà animé descendent à leur place et procèdent à la construction de cette partie du corps en se divisant en véritables ouvriers disposés à se partager la besogne, qui commence à l'extrémité des doigts du pied pour remonter ensuite aux genoux. Là, ils s'arrêtent comme des mercenaires attendant nouvelle besogne qui leur arrive en gélatine recueillie dans l'albumine du sang coagulé.

Ce placage est destiné au mouvement devant faciliter la courbe de la rotule, destinée à agir en qualité de charnière unissant les deux battants d'une même fenêtre.

Après la pose de cet appareil, les ouvriers inoccupés façonnent la deuxième partie du battant, attachée ensuite aux reins par de nouveaux ouvriers chargés de cette partie de la besogne qui, achevée, conduit cet embauchage étrange vers des monticules à bâtir.

En premier lieu, c'est la proéminence des épaules qui occupe la masse de travailleurs acharnés à décomposer des éléments bilieux pour en construire la charpente devant supporter l'édifice cloisonné dans des endroits faibles, notamment à côté de la cavité comprise entre la dernière clavicule et la charpente, autrement dit à côté du cou.

Descendant de l'échaffaudage, ces maçons d'un nouveau genre, dirigent leurs pas assurés vers la partie restant à bâtir pour cimenter les deux tronçons du bâtiment.

Ici, la tâche devient difficile.

Les matériaux employés ayant dépassé, quelquefois, les prévisions de l'architecte divin, il s'en suit une confusion à l'effet de décider quelle sera la combinaison qui permettra de suppléer au manque de matériaux.

Afin de conclure en connaissance de cause, la cohorte d'ouvriers déploie une activité conforme à la situation.

Ceux dépendant du cerveau, et devenus sans emploi, s'offrent au travail du cœur.

L'excédent des monticules décide de construire le foie et la rate.

Les poumons dépendent de ces infatigables artisans provenant des cuisses, c'est-à-dire des désœuvrés jusqu'alors.

Quant à l'enveloppe couvrant le tout et appelée épiderme, elle a été confectionnée à l'aide du bulbe déchiré par ces ouvriers, arrivés au chantier.

La besogne inachevée est confiée aux retardataires. Ceux-ci, réunis en masse, se portent à l'ouverture ménagée entre la charpente et la cage d'escalier sous laquelle s'abriteront les agents devant constituer le mouvement d'aération indispensable à l'hygiène de la demeure achevée.

Cette ouverture est faite pour donner accès aux étendards de l'édifice préposés à sa protection.

Celui de droite est le premier confectionné, et, lorsque l'étoffe est suffisante, il en résulte l'*ambidextre*.

Le gauche, insuffisamment étoffé, devient l'inférieur en force du droit.

Lorsque, par suite d'erreurs que j'expliquerai plus loin, cette étoffe est irrégulièrement partagée, c'est le gauche qui domine.

Pénétrons dans l'habitation et constatons l'œuvre des carreleurs.

Dès la terminaison des voûtes, maçonnées avec de l'albumine, des artistes en mosaïque plaquent ces voûtes à l'aide de carreaux cuits par la semence spermatique. C'est ainsi que, de la voûte appelée du nom de cette semence partent constamment des germes fécondants, tandis que des autres il ne sort que des accessoires inutiles.

Entrons maintenant dans la maison, et demandons à l'habiter, dans la certitude d'assister aux dégradations innombrables, définies en ce peu de mots : dérangement dans les divers foyers, contrariété dans la marche des habitants, et enfin destruction complète de cette demeure.

Ces calamités dépendent d'ennemis en guette au dehors.

Le plus à redouter est certainement celui en qui nous avons confiance et qui se nomme *affection*.

Le moins à craindre arrive à nous, armé de cette flèche constituant la *satiété*.

Les autres, d'une définition trop longue, s'appellent *abus*.

Attaquons ce dangereux ennemi, dit affection.

La mère du genre humain a conçu dans l'affection. La magnanime auteur de ce chef-d'œuvre a dévolu à sa créature ce sentiment sublime dans toute sa plénitude, et n'a établi d'exception que pour les cas de fécondation.

Voilà pourquoi l'animal, fidèle observateur de cette défense, s'éloigne avec regret sans doute de celle qui, osant encore moins l'enfreindre, le repousserait avec indignation, et emploie, dans le but d'éconduire ce mécontent, des émanations du rectum, qui absorbent celles fournies dans le rut.

Le désappointé disparaît et ne revient vers cette dédaigneuse qu'appelé par des émanations disséminées dans l'atmosphère.

C'est à la rigoureuse obéissance à des lois inviolables que l'animal doit sa descendance correcte, forte et exempte d'infirmités. Le contraire a lieu pour l'animal le plus éclairé et le plus fort, c'est-à-dire pour l'homme.

Dans cette anomalie, nous trouverons les calamités dont j'ai annoncé la découverte, en passant par les différentes phases suivies par la créature avant de voir le jour.

Les entrailles aveugles de la mère ne divulguent d'autre secret que celui apparent à nos yeux, et ne sauraient nous édifier d'une façon compréhensible sur ces diverses phases.

Il importe donc de rechercher la cause de ces infortunes qui se traduisent dans le sein de l'humanité par la *démence*, l'*aliénation mentale*, la *folie* en *courbures du corps*, en *débilité musculaire*, en ces déplorables accidents physiques : l'*épilepsie*, l'*hystérie* ; enfin de quelle fatalité dérive cette masse d'estropiés, image affligeante de notre infériorité procréatrice devant celle des animaux.

Infériorité affligeante certainement, si l'on considère que le roi de la création ignore le bienfait de lois observées par ses sujets, et que, orgueilleux autant que vain, il suppose ces lois indignes de lui.

Cependant, en comparant la famille animale à

l'humanité, nous découvrons des perfections qui ne se rencontrent pas chez cette dernière.

Prenons pour exemple la faible créature issue des flancs de la *brebis*.

A peine a-t-elle été appelée à jouir de la lumière que déjà elle court de droite à gauche, en signe de reconnaissance accordée à cette mère, qui, à son tour, ne la quitte jamais des yeux.

Dans l'humanité, que voyons-nous?

Un être souvent chétif et quelquefois difforme pousser un cri de regret à la vue de la lumière dont nous parlons. Expression d'un douloureux enchaînement à des calamités sans nombre, en commençant par l'abus de l'acte qui l'a engendré, abus qui l'a mis à la torture, en provoquant sans cesse une agitation anormale dans son premier berceau, dont les aspérités ont comprimé cette délicate créature, principalement dans les *parties nobles*, transformées en hermaphrodite par la compression.

Tantôt c'est l'*hystérie* qui marque ce crime. Tantôt des infirmités beaucoup plus épouvantables en sont la conséquence apparente à nos yeux : en *démence, aliénation mentale, folie*, etc.

Prenons maintenant corps à corps l'adversaire armé du dard empoisonné, la *satiété*.

Ce guerrier d'un genre nouveau cherche à nous étreindre et nous enlace dans des muscles que nous croyons d'abord flexibles, tandis qu'à leur contact nous entrevoyons notre erreur.

Dégagé dans ses manières, délicat dans l'attaque souple et variée, il nous tombe et laisse à des acolytes le soin de nous réduire.

Parmi eux se trouve au premier rang son subordonné la *digestion* qui amène ce difficile écoulement d'une trop grande quantité d'aliments absorbés, la déglutition fatiguée, la mastication pénible et la distillation des agents dangereux impossible.

Ensuite nous avons affaire au cerveau.

La boisson destinée à humecter une avalanche de produits, impuissante à disparaître avec cette avalanche, ne lui confie en dernier lieu d'autres éléments que ceux provenant de la source naturelle, et dirige dans la fossé nasale celui obtenu par l'art du distillateur, c'est-à-dire l'alcool.

Les fumées, qui se dégagent en spirale de cette diffusion, atteignent le cerveau et se répandent dans les diverses parties de cet organe où elles déterminent la somnolence qui suit toujours un bon repas, arrosé de vins généreux.

Là ne s'arrête pas leur pernicieuse influence.

Après avoir provoqué l'état soporifique, les dangereux malfaiteurs attaquent des fibres humides du cerveau, absorbent cette humidité et entraînent la décomposition de ces infiniment petits, auxiliaires de la procréation, dans laquelle ils jouent le rôle de conducteurs du larmoiement spermatique destiné à la fécondation, et que par conséquent ils corrompent dans son parcours.

Voilà la cause des infirmités de la *moelle épi-*

nière, également due à l'immoralité mentale apportée dans l'œuvre créatrice.

Arrivons à ce champ de bataille commandé par des généraux ayant sous leurs ordres la masse de combattants appelés *abus*.

La colonne d'attaque est composée en majeure partie de préposés à la procréation, dans le rang desquels combattent aussi des soldats encore enfants de troupe.

En effet, les premiers coups dirigés vers nous proviennent de mains réputées débiles, excitées par l'*onanisme*, ce guerrier qui laisse après lui tant de désastres.

Dans leur nombre figure la cause tant cherchée de ce que l'on est convenu d'appeler *surmenage intellectuel*, de ces affections des yeux, de ces courbures du corps et d'une infinité d'autres que je passe sous silence par pudeur.

La masse de conquérants, grossissant en nombre à mesure où elle avance, finit par envahir toute la contrée, ce qui veut dire nos sens.

La première victime de l'onanisme est celui des sens désigné dans la science au chapitre *vigueur*, c'est-à-dire correspondant à la faculté de comprendre qui, elle-même, est reliée à la mémoire ou au sens qui en dépend, soit à l'*ouïe*.

Si je parle de l'affection des yeux, j'ai à consulter la membrane appelée rétine. Elle me dira, par sa correspondance avec la glande lacrymale, que ce forban d'onanisme exerce sur elle une influence difficile à expliquer autrement que par la surabondance du liquide épuré, changé en compacité au passage de celui-ci dans la bile destinée à humecter les aliments et à conserver l'élasticité de cet auxiliaire de la vue, la cornée.

Quel est cet élève qui, à peine à l'âge de la puberté, est déjà atteint de la courbure du corps, dépréciation physique commune aux vieillards seulement.

Sans hésiter, j'affirme que c'est encore une victime du *minotaure*, dont nous avons constaté les désastreuses atteintes.

Si j'examine chez ce malheureux certaines parties du corps cachées, je découvre des boursoufflures dans le *scrotum*, insignifiantes en apparence, mais provenant de la distension de muscles cérébraux, qui ont leur correspondance dans les glandes testiculaires, où ils aboutissent au moyen des artères de la vessie, excitée à son tour par des titillements du prépuce dans la pollution.

Je devrais, certainement, jeter dans ce dédale de corruption, dans ces lieux destinés au contraire à la morale, à l'éducation, à l'espérance réalisée de parents qui souvent s'imposent bien des privations dans le but de compter dans la famille des membres éclairés, et qui ne récoltent de ce fait que d'amères déceptions ;

Je devrais, dis-je, jeter l'assainissement sous forme de conseils paternels, mais je m'abstiens dans la crainte d'être taxé de radoteur.

Faibles représailles, considérées au point de vue de celles qui fondront sur moi, lorsque j'aurai dévoilé à l'indignation de l'humanité des causes de sa déchéance, causes, cependant, connues de tous, mais cachées par chacun de nous.

J'entre dans la première demeure ouverte à ma portée.

Que vois-je ?

La démoralisation sous toutes ses formes.

Ici j'aperçois un enfant qui assiste au lever des grandes personnes, qui, elles-mêmes, obéissent aux fonctions naturelles, sans tenir compte de la présence de cet enfant malheureusement oublié, mais qui ne perd pas un seul geste, dont il fera son profit avec d'autres, éduqués de la même façon.

Là, je découvre des habitudes déplorables qui consistent à réunir dans un même lit des enfants des deux sexes, et cela jusqu'à un âge où aucun secret ne leur est caché.

Si je parcours les divers appartements de cette demeure, je vois le tableau affligeant de la mère, vaquant aux travaux de la maison à moitié nue.

Comment exiger, dès lors, de ces enfants une réserve qu'ils n'ont pas apprise ?

Détournons-nous de notre chemin, pour assister aux conciliabules de ces gens, après la journée de labeur.

Quelle immoralité dans leur langage. Ce ne sont que propos obscènes et diatribes contre la religion de leurs pères, religion qu'ils se gardent bien de pratiquer, mais à laquelle cependant ils font appel dès que la moindre indisposition les étreint.

Si encore leur croyance prenait sa source dans la raison, mais, presque toujours, elle est due à des causes ayant pour base une superstition ignorante et absurde.

Quittons ces classes qu'on appelle inférieures, et demandons la faveur de franchir le perron qui précède la somptueuse habitation défendue aux déshérités.

En arrivant dans l'antichambre, gardée par ce grand indigne citoyen, qui préfère, contrairement au loup de la fable, le collier et les os de pigeon à la dignité et à cet autre besoin humain, la liberté, ce dévoué mercenaire, imitant des maîtres qu'il méprise, et, comme ces derniers, sanglé et boutonné jusqu'au col, sans omettre le langage hautain de la valetaille, prévient Madame ou bien Monsieur de l'arrivée d'un importun, et demande, en employant la troisième personne, ce qu'il faut dire à cet intrus.

Madame est invisible, dit-on à ce cerbère ; Monsieur est occupé, cligne-t-on des yeux ; langage compris entre larbins.

Pendant ce temps que fait Madame ?

Elle attend celle de visites qui lui parlera de tout, excepté de ses devoirs maternels, si ce n'est pour en blâmer l'exécution et persuader à celle déjà bien disposée à les enfreindre qu'ils sont incompatibles avec ceux de maîtresse de maison ;

Que si, par aventure, les exigences conjugales entraînaient pareille déception, il ne manque pas la facilité de confier à d'autres une charge allégée, moyennant finances, à des malheureuses victimes de la débauche, qui, elles-mêmes, confieront à d'autres besoigneuses et à bas prix le soin d'élever le fruit de leur faute ; et, sans s'inquiéter de la sage prévoyance de la nature, qui fournit, dans une délicate attention, le moyen de corriger les imperfections de la grossesse, elles iront ailleurs chercher un coloris autre que celui dessiné par le peintre aux retouches de son tableau.

A-t-on jamais songé aux conséquences d'un tel défi à cette prévoyance?

Si personne n'y a pensé, j'ai dû m'en préoccuper, afin de chercher la cause de l'effrayante mortalité parmi les enfants en nourrice.

Laissant de côté les indignes créatures qui n'ont de la femme d'autre qualité que la faculté dévolue à sa nature de fournir l'alimentation du nouveau-né, je m'occuperai spécialement de celles qui, malgré un dévouement absolu, voient avec affliction dépérir et finalement disparaître un être qui avait déjà conquis leur affection.

Il est certain que ces infortunés êtres n'ont pas contracté, au milieu de soins intelligents et affectueux, le germe d'une maladie qui les a conduits au tombeau, et que ce germe découle de plus loin.

Je vais encore déchaîner sur moi la tourbe des ignorants en essayant de leur faire comprendre une vérité facile à constater : que le savoir des uns dépasse celui des autres.

Commençons par demander à l'indigne mère, débarrassée du fruit de ses entrailles, ce qu'elle éprouve à la vue de la créature à laquelle elle vient de donner le jour ?

Elle répondra : de la répulsion !

Laissons-la donc gémir et abandonnons-la à ses souffrances.

Cherchons celle qui est radieuse d'avoir échangé tant de douleurs contre la forme humaine qui lui rappelle ses propres traits.

Aidons l'affectueuse génératrice à conserver bien portant, fort et exempt d'infirmités, celui qui fera un jour la gloire de son pays peut-être.

Ce berceau est aussi incommode que ses effets désastreux.

L'enfant, fagoté, ligoté et bercé inconsidérément, conserve à ses dépens une immobilité constante, à laquelle s'ajoute l'enivrement provoqué par la balançoire.

Me dira-t-on que cette immobilité et cette ivresse factice sont à même de développer ses organes, alors qu'il est prouvé que ce développement ne s'obtient que par l'exercice, encore faut-il que cet exercice soit progressif et approprié à chaque nature.

Vouloir provoquer la détente de muscles imparfaitement arrivés à leur complément d'élasticité, est un acte de cruauté ; les laisser dans l'assoupissement est celui d'une pernicieuse ignorance.

Je reviens à ce prisonnier, malheureusement sans moyens pour se soustraire à la séquestration, et qui supporte, en poussant de lamentables cris, un supplice dont je vais dévoiler les horreurs.

Bourrée d'un lait destiné à d'autres, cette victime de la civilisation est continuellement échauffée. C'est ce qui explique ces évacuations jaunâtres ou verdâtres, dues au combat que se livrent des éléments contraires ; l'un dérivant d'un sang magnifique, celui de la nourrice, et l'autre provenant de gens étiolés, déformés, efféminés, se nourrissant de produits dont les trois quarts devraient être rejetés de l'alimentation, principalement cette peste, servie sur la table du riche sous le nom de gibier ; j'y ajouterai bien encore les détritus de fauve et que l'on appelle venaison (1), mot qui, dans son vrai sens, veut dire *nécessité d'être salé*, en raison de la facilité de corruption reconnue à la chair du fauve.

Mais, je m'éloigne de cet enfant qui attend de ma découverte la rupture de ses liens, soit des maillots qui compriment sa jeune et fragile constitution, compression déplorable pour son cœur

(1) *Venire et salare.*

qui bat faiblement, pour ses poumons insuffi-samment dégonflés, pour sa rate dérangée dans ses évolutions, enfin pour d'autres organes com-primés d'où découle l'interminable série des victimes du *minotaure*, par des épanchements de sérosités détournées de leur cours et dirigées par la compression dans les parties génitales conti-nuellement en prurit.

De là une tendance des enfants à porter les mains dans ces organes, et ces épouvantables exemples, cités dans la science, de jeunes filles acharnées à combattre cette démangeaison, mal-gré une surveillance constante, des précautions et même des châtiments.

J'arrive à la cause affligeante pour l'humanité, qui dévoile à nos yeux les imperfections répan-dues en abondance dans son sein, et déférées à la créature en *bossus*, *bancals*, *aveugles*, *aliénés*, *hystériques*, *épileptiques*, etc., victimes innocentes de coupables générateurs.

Fauchons donc cette ivraie, et séparons-la du bon grain.

La nature, superbe et dédaigneuse, a voulu que sa créature reproduise dans son ensemble la perfection qui a décidé ce chef-d'œuvre, afin de se complaire dans la forme à elle donnée.

Malheureusement, pour maintenir cette per-fection, elle a édicté des lois tellement sévères et absolues que notre faible conception ne peut les admettre. Et de là résulte la masse d'outrages faits à cette mère, fière et hautaine, qui réprime sans merci la moindre infraction à ses lois.

Dès que par faiblesse nous demandons à nos sens soit une satisfaction culinaire exagérée, soit que nous dirigions cette exagération sur d'autres organes, il y a manque de dignité, outrage à la nature et, partant, cause de châtiment.

Je prends le premier cas.

Les différents agents préposés à la trituration ou distillation des aliments ont des forces limitées, et repoussent tout travail accessoire. Cependant, cet accessoire doit, comme la partie principale, subir une désagrégation qui est alors confiée à d'autres agents mal outillés pour semblable besogne. Tel le *foie*, chargé d'éliminer, au moyen de la bile qui le parcourt, certains produits défectueux rejetés dans l'action dépurative du cœur, autrement dit ces indispositions connues en anatomie et classées au nombre des maladies du foie.

Descendons au second cas, ou à l'intimité de laquelle dépend l'image destinée à la reproduction de la nôtre.

Si je considère une consolante exactitude de cette reproduction dans certaines familles, je me demande comment il se fait que, dans d'autres, j'assiste au tableau pénible de difformités qui n'existent pas chez les auteurs, et que, même parmi les descendants, quelquefois un seul, et souvent intermédiaire, porte la marque des déshérités.

Cet enfant a été conçu par les mêmes auteurs

que ceux qui ont présidé à la nombreuse famille obtenue.

D'où peut dériver pareille calamité?

Elle dérive, sans conteste, de l'acte qui a causé pareil malheur.

En effet, j'examine chez l'innocente créature les diverses parties du corps, et je constate des égarements dans la matière, c'est-à-dire que telle partie s'est développée au détriment de l'autre.

Les Bossus.

Commençons par l'infirmité indiquée la première, soit par l'exubérance désignée ironiquement bosse, comme pour le chameau, et due à la débauche conjugale.

Lorsque, saturés de plaisirs, nous avons recours à ces monstruosités qui ne peuvent s'écrire, cet épouvantable outrage à la chose, qui devrait au contraire nous rappeler à la dignité procréatrice, a pour conséquence immédiate de déformer l'organe générateur de la femme, et de créer dans l'utérus la cavité dans laquelle viendra se mouler ce signe de la débauche.

Les Bancals.

Ajoutons à cette affligeante constatation cette autre, d'où dépendent ces enfants foulant péniblement le sol, et qu'on appelle *bancals*.

Si j'osais, je m'arrêterais devant l'infamie qui dicte au père de famille celle de s'abstenir de procréer.

Cependant, bien que ma tâche dépasse quelquefois le sentiment de commisération, je dois en poursuivre l'accomplissement.

Ces indignes générateurs pensent échapper, par de coupables précautions, à un devoir bien doux pour certains; mais, les insensés, ils ne se figurent pas qu'ils courent, dans la plupart des cas, au devant de déboires sans fin et de plaintes indignées de leurs victimes, vouées à la risée et à la répulsion.

Les Aveugles.

Eclairons maintenant les aveugles — calamité répandue chez le pauvre — et disons-leur qu'ils doivent la désolante infirmité qui les prive de contempler les merveilles du créateur à ces mères dépourvues d'entrailles, dignes imitatrices des *harpies*, décrites dans ce livre étonnant et incompris, la *Mythologie*.

Comme leurs devancières, elles ont cherché dans des artifices le moyen, insuffisant heureusement, de soustraire une créature à sa mission, et, déçues dans leur coupable dessein, elles ont cru alors trouver dans des manœuvres manuelles l'accomplissement de leur forfait.

Cet outrage d'un genre nouveau à la nature a répandu sur leur victime le contenu de la *vésicule biliaire*, qui, après avoir envahi le frêle corps, est disparu, retenu cependant en partie par les arcades sourcilières et gardé jusqu'à l'accouchement par la cavité dans laquelle séjournent les mains de l'enfant.

Les Aliénés.

Cette masse de gens, gesticulant à tout propos, jetant par ci, par là des regards effarés et devenant timides comme des enfants à la moindre menace, sont les réprouvés de la civilisation, appelés *aliénés*.

Chez les sauvages, lorsque pareille infortune étale sa douleur, elle rencontre de la commisération.

Ces infortunés, cependant, auraient droit à de justes compensations.

Les mères dénaturées, ne considérant dans la grossesse qu'un lourd fardeau, négligent dans cet état les précautions d'où doit dépendre la régularité de la forme anatomique destinée à diriger tout être dans sa vie.

Ces précautions consistent à donner de l'élasticité à la matrice, en la tenant constamment à l'abri du froid, c'est-à-dire en couvrant chaudement cette partie animale, afin de contribuer par une chaleur tempérée au calme de l'organe générateur.

Les intempéries communes à certaines régions, et notamment celles qui sillonnent les contrées européennes du nord, facilitent dans plusieurs cas le refroidissement de l'abdomen qui communique cette basse température au bassin iliaque et conséquemment à l'utérus, ce foyer où doit se couler la matière devant constituer l'être appelé à vivre.

Dérangé dans son incandescence, ce foyer subit une dépression équilibrante, d'où résulte pour lui une agitation constante et des à-coups portant principalement sur la matrice, dans la partie dirigée au centre de l'urèthre, où repose constamment la tête de l'enfant. De là ces difformités céphaliques et surtout ces désastreuses afflictions décrites : *démence, aliénation mentale, folie,* etc.

Elles sont *démence* lorsque la cause, assez rare du reste, provient de défauts de conformation du crâne, consistant, en premier lieu, dans le manque de séparation entre certaines cavités des organes cérébraux;

En second lieu, dans la défectuosité de la boîte osseuse;

Enfin, par la raréfaction de la substance calmante, indispensable au liniment de la matière cérébrale, pour la préserver de son action furieuse.

Elles sont *aliénation mentale* dans la plupart des cas.

Elles deviennent *folie* par la réunion des deux calamités.

Ces disgrâces dérivent des à-coups dont j'ai parlé. Lorsqu'ils sont fortement accentués, le malheur est précoce. Lorsque ces à-coups retentissent faiblement, il est plus tardif et se déclare dans les cerveaux affaiblis par des travaux scientifiques, doués de facultés multiples ; enfin, chez ceux qui dépassent la limite de ces facultés, ou qui contractent des habitudes de nature à dépenser la force vitale destinée à la conservation de la matière cérébrale, soit au liquide dit *liniment*, force épuisée également par les chagrins, déceptions, ennuis, abus, etc.

Certainement, il arrive parfois que des intelligences d'élite, trompées dans leurs aptitudes, s'efforcent, dans un labeur acharné, à découvrir ces aptitudes, et, déviées du véritable chemin, elles impriment au cerveau une fatigue qui entraîne en général ce que la science définit par *démence héréditaire*, tandis que c'est la cause seule, c'est-à-dire la faculté intellectuelle, qui est acquise en héritage.

D'autres exemples fourmillent de déséquilibrement du cerveau, en dehors des calamités décrites plus haut.

Je me borne à citer celui-ci : il est si terrible que je ne crois pas devoir le cacher.

Dans le cours de notre existence, nous avons assisté, certainement, aux démoralisations recueillies dans ces antres de débauche, où la raison, dit-on, s'engloutit.

Eh bien ! ces démences abruties ont pour origine cette débauche.

Qui osera me contredire ?

Abandonnons ces turpitudes et cherchons la confirmation des intempéries de l'utérus.

Afin de bien préciser, examinons les climats des différentes parties du globe.

Commençons par celles qui, en dépit d'un voisinage constant de glace, conservent à diverses époques équinoxiales une température dépourvue de courants froids, comme la partie des Scandinaves.

Dans ces régions, bien que le froid descende à plusieurs degrés au-dessous de zéro, il a cette spécialité de créer dans l'ensemble de la matière animale une température, défavorable sans doute, mais moins dangereuse que celle qui résulte des courants glaciaux soufflés par les *monts Ourals*.

De la différence de froid résulterait certainement celle du nombre d'aliénés ; et, s'il est néanmoins beaucoup plus élevé en Suède et en Norvège qu'en Russie, cela s'explique par la forme du vêtement de ces derniers habitants, qui doivent cette différence à ce moyen usité de préservation.

Dans les contrées riveraines du Danube, des courants imprégnés de senteurs d'algues fluviales parcourent dans tous les sens ces pays humides et communiquent cette humidité à certaines natures débiles, qui engendrent alors dans de fâcheuses conditions de santé et déversent sur la créature abritée dans leurs entrailles la défectueuse température qu'elles éprouvent et qui a les mêmes inconvénients que ceux dévolus à l'influence des courants glaciaux.

Aussi cette influence est-elle marquée sur ces rives par une grande abondance de malheureux réprouvés.

Descendons maintenant la chaîne des montagnes qui nous sépare de l'immense vallée s'étendant jusqu'aux Pyrénées, séjour réjouissant d'une nature d'habitants ayant un caractère étonnant de volubilité.

Franchissons donc la descente des Cévennes et parcourons ces contrées fertiles et abondamment arrosées, présentant un sol également imbibé de senteurs aquatiques, qui, attirées dans l'atmosphère par l'action calorique de l'astre géant, se réfugient — c'est le mot — dans ces demeures disséminées sur leur parcours, véritables écuries d'Augias dépourvues d'hercules pour les assainir.

Cette peste, d'une constitution à défier les chimistes, provoque la contraction de l'organe spécialement digne de toute notre sollicitude, si l'on considère qu'il a eu le pouvoir de doter de leur grand génie ces hommes qui honorent l'humanité. Et certainement si, moins cupide et plus avisée, cette humanité consentait à porter quelquefois ses aspirations vers le but que nous indique une foi raisonnée, elle trouverait dans cette élévation de sentiments le remède aux mots qui la désolent, en cessant d'opposer l'indifférence et souvent le mépris aux heureuses perspectives dévoilées à la croyance.

De la contraction indiquée plus haut provient l'innombrable quantité de *crétins-baveux*, qui déroulent à nos yeux le spectacle affligeant d'un défaut de morale dans ces contrées fertiles.

J'en ai dit assez sur ce chapitre, et j'attaque hardiment la *surdi-mutité*.

Sourds-Muets.

Si, dans nos infortunes, nous voulions bien chercher autour de nous, il nous serait facile d'y découvrir la cause d'un surprenant châtiment.

Je prends comme exemple cette punition infligée sous forme de surdité et de mutisme réunis, juste ressentiment d'une grossière injure.

En effet, si la nature a doté sa créature du charme de l'amour, c'est à la condition qu'elle en comprendrait toute la tendresse et qu'elle ne consentirait jamais à le profaner.

Cependant, cette douce exigence est trop souvent méconnue, soit dans une passion exagérée, soit — abominable pensée — lorsqu'elle devient acte mercenaire.

Je suis obligé de prier ceux qui me liront de songer à ce difficile labeur consistant à ouvrir les plaies pour en chasser la gangrène, et que, dès lors, mon audace est excusable.

Je tiens ce langage précisément parce que, dans ce chapitre, je vais déchirer en entier le voile de la pudeur.

Je découvre donc cet amour, mercenaire ou libertin, et je le trouve précédé ou suivi de l'accomplissement des devoirs conjugaux.

Cette double tentative de fécondation, séparée de quelques instants, aboutit quelquefois, et, dans ce cas, le terrible phénomène suivant a lieu.

Arrivés avant ceux du second acte, les animalcules procréateurs issus du premier envahissent complètement l'ovule, et se dispersent en vertu de la loi naturelle qui les guide dans le choix de la place qu'ils doivent occuper.

Ceux destinés au cervau de l'être à créer sont les plus raprochés de l'ovaire, et, par conséquent, obligés au combat que va leur livrer la deuxième invasion qui, comme la première, cherchera sa place et bravera tout pour la conquérir.

Dans cette lutte carnassière, bon nombre de combattants périssent; nécessairement, la partie afférente au cerveau, soutenant l'attaque, paye le plus fort tribut au carnage. Il s'ensuit, de ce fait, une absence préjudiciable à l'organe, qui, incomplet lui-même, ne peut constituer l'ouïe ni compléter l'instrument destiné à émettre le son. De là l'ankyloglosse et, partant, nulles, l'ouïe et la parole ; de même, manque de la case du *bon sens,* de la *morale,* de la *générosité,* et union entre elles de celles de la *colère* et de la *vengeance,* réunies dans le but d'infliger à l'auteur de ces maux le châtiment mérité par cette grossière offense au Créateur.

L'Hystérie.

Je passe à l'hystérie, ce supplice rappelant les tortionnaires de l'Inquisition.

J'ai déjà donné, avant ce chapitre, la cause de cette monstrueuse infirmité.

Lorsqu'elle dérive du premier cas, elle est bénigne. Les torsions dépendent du second.

Je m'abstiens d'entrer dans un grand développement au sujet de cette affection. Je craindrais de manquer à la déférence qui est due à l'homme de bien, spécialement consacré dans sa fortune, dans son dévouement et dans une inépuisable charité, au soulagement de ces malheureux réprouvés.

Les Bègues.

Je ne saurais passer sous silence cette légère déviation de la langue que l'on désigne par *bégaiement.*

Je n'ai pas grand'chose à dire, je prends seulement le temps d'infliger un blâme au praticien inhabile, qui a compromis la fonction de cet appendice, en coupant maladroitement le filet.

Dans certaines syllabes, qui exigent le retrait de la langue vers le larynx, cet instrument, insuffisamment délivré de ses liens, ne les produit qu'après des efforts constatés par la répétition incomplète du son émettant la *consonne*, son qui ne devient définitif qu'à la deuxième, troisième et même quatrième tentative, suivant le plus ou moins de maladresse de l'opérateur.

Le Tétanos.

Je vais mettre en lambeaux le voile que j'ai eu occasion de déchirer dans une autre circonstance, et, je le répète, il faut me tenir compte du but que je poursuis et ne considérer dans cette œuvre que son côté moral, tout en laissant aux esprits mesquins le loisir de jeter les hauts cris, afin d'échapper par cette imprécation à l'insinuation du fait que je décèle dans une haute et dévouée pensée.

Lorsque la manifestation de cette perturbation animale le *tétanos* suit une opération chirurgicale ou bien procède d'une affection traumatique, la cause en est due, dans le premier cas, à l'inhabileté du praticien dont l'inexpérience compromet la fonction de certaines artères déchirées, et, dans le second, à une influence atmosphérique, méphitique et répulsive, élevant la puissance corruptrice de la plaie.

Dans les autres cas, c'est-à-dire sans cause apparente, cette cause réside dans les conséquences d'un raffinement vénérien abusif, satisfait par l'emploi des lèvres.

Cet acte contre nature dirige le produit de la corruption bilieuse qui en dépend vers les régions céphaliques, et détermine, dans son parcours, la contraction des muscles, qui s'agitent pour chasser toute impureté circulant dans le liquide sanguin (les névroses).

Cette contraction, qui explique les spasmes, les menaces d'asphyxie, les difficultés de la déglutition, etc., arrive à l'état convulsif, par la présence de la corruption dans le cerveau, organe distritif de la volonté.

Le secours de lotions dissolvantes sur le crâne et le diaphragme rétablira dans sa régularité la fonction désordonnée des aiguilles de l'horloge.

———

J'ai entrepris une tâche difficile, je le sais, et je me demande souvent si je ne devrais pas, comme l'explorateur égaré dans des contrées inaccessibles, renoncer à poursuivre mon chemin, et si encore, revenant en arrière, je trouverais chez mes semblables la cordiale réception accordée au courage malheureux.

Mais, en comparant les railleries, les doutes, les incrédulités et enfin les découragements, dirai-je, intéressés, prodigués à mon entreprise, je ne crois pas avoir la faculté de revenir sur mes pas.

Je franchis donc ce Rubicon, et, comme César, je m'écrie : le sort en est jeté !

Je vais, puisqu'il le faut, pénétrer au fond de ce grand mystère, la nature, et j'en rapporterai le flambeau devant produire la lumière autour de cette prophétie : « A la science, l'unique religion de l'avenir », lancée à travers le monde par ce messager, dont le passage ici-bas décidera la rénovation humaine qu'il a annoncée.

Son nom, redouté dans certaines sphères, reçoit aujourd'hui dans un éclatant triomphe le témoignage glorieux refusé autrefois à son immortel génie.

Faisons courageusement de sa révélation le cas qu'elle mérite, et disons : Si chacun de nous est absolument certain d'étaler aux yeux de tous les fautes résultant de son manque de morale, il se gardera bien de les commettre ; et cette brutale expiation sera cent fois pire que celle dont le menace une religion de laquelle il doute ; et, méfiant, il craindra bien plus la honte que des châtiments illusoires.

Je commence la nomenclature des cas où cette honte apparaîtrait au grand jour.

Dans nos habitudes incorrigibles, nous avons la déplorable manie de mettre tout au défi, même celles des choses qui se cachent à travers le voile de la pudeur.

Combien de fois n'avons-nous pas entendu ces *centaures* de la création se vanter avec cynisme de leurs exploits herculéens, et, riant de ce rire bestial inné chez de semblables natures, défier quiconque à pareil tournoi !

Quelles conséquences a entraîné cette joute ?

L'être qui a hérité du fruit de ce combat d'abrutis, dois-je dire, traînera toute une vie languissante, débile, et accessible à tous les maux ; il dépérira pour s'éteindre dans ce que la science appelle *maladies de poitrine*.

Lorsque le procréateur comprendra à quel supplice il condamne son propre enfant, pensez-vous qu'il renoncera à satisfaire un stupide amour-propre, dont les effets sont désastreux pour la génération ? De plus, rentrant en lui-même, il regrettera amèrement la première faute qui l'aura signalé à l'indignation publique.

Et ces enfants turbulents, sans cesse agités, même dans le sommeil !

Croyez-vous qu'ils ont acquis la diablerie qui les rend si désagréables dans une volonté qui ne saurait comment se formuler ?

Ces diablotins, fustigés à tort, devraient au contraire être entourés de ménagements, car ils dépendent, les petits martyrisés, d'une agitation fébrile apportée dans la copulation qui suit une contrariété énervante.

De la conséquence de ce fait, il est résulté que nombre d'animalcules déviés ont cherché des abris dans certaines parties du corps de l'embryon et ont provoqué des égarements parmi ceux appelés à constituer ces parties, en vertu de la loi inviolable édictée par le créateur ;

Ces enfants présentent à la puberté des dispositions pour la chicane, observation que chacun de nous a pu faire ; et chacun de nous aussi éprouve pour la chicane un profond dégoût. Il est donc inadmissible que pareil héritage soit dû à des causes qui n'existent pas chez celui ayant seul pouvoir de le transmettre.

Dira-t-on : mais ces diablotins procréeront des chicaneurs ?

Je réponds : non ! cet égarement tout à fait animal n'a pas atteint l'organe contribuant pour la plus grande part à édifier la magnifique statue.

Autre chose est à constater dans ces cerveaux inconscients ou frappés de cette infortune ayant pour nom *idiotisme*.

Les chenapans de la société dont ils constituent la honte vont, dépourvus de sens commun, puiser dans des lieux infects des habitudes qu'ils communiquent ensuite à celle des créatures qui, ignorante des choses de la vie, trouve certaines monstruosités naturelles et les partage.

Qu'adviendra-t-il de ces écarts d'imagination ?

Une irritation nerveuse dont je n'ai pas hésité à flageller l'origine au chapitre *anémie*, car a-t-elle songé, la malheureuse, que, destinée à concourir à l'harmonie de la nature par son plus beau rôle, elle le remplira en dépit de la morale, qui nous enseigne à dominer nos passions;

En dépit de la dignité, qui exige que dans nos actes nous sachions toujours nous élever au-dessus de la bête;

En dépit de l'affection, dignité d'un autre genre, déférant à la créature la douce satisfaction de se complaire dans son œuvre;

Enfin, et pour en terminer avec ces défaillances, en dépit, dirai-je, d'immuables lois, sévères sans doute, mais qui apparaissent si justes à celui qui les comprend, et dans l'observation desquelles on éviterait le lamentable défilé de ces êtres disgraciés, tels qu'*éclopés, rachitiques, bégayants, tremblotants, gâteux, courbés, buveux, inconscients, dépravés avant l'âge*, etc. Lamentable défilé certainement, et qui épouvantera celle des femmes appelée aux criminelles constatations du fruit de sa débauche.

Allons plus loin vers ces dépotoirs de la pensée. Devrais-je écrire si je songe au dégoût qu'inspirent de telles ignominies.

Je veux parler de ces labyrinthes où, sous la protection d'emblèmes divins, la nature outragée est contrainte à se voiler la face.

Quels sont ces hommes qui bravent tant de

déboires pour satisfaire, croyez-le bien, le plus odieux des actes contre nature ?

Ils sont nés de parents immoraux, débauchés jusqu'à l'ivresse, et traînant cette débauche de fange en fange jusqu'à ce qu'elle vienne constituer ce pourceau, marqué d'un signe anatomique qui permet de reconnaître le digne héritier d'animaux immondes, n'ayant qu'une partie saine, celle du cœur, toutes les autres ne répandant que corruption.

Je reviens en arrière, dans l'intention de compléter d'abord la définition des étendards de l'édifice, et d'expliquer, ainsi que je l'avais promis, l'irrégularité dans le partage de l'étoffe.

Les adroits de la main gauche se garderaient bien de faire parade de leur faculté exceptionnelle s'ils avaient le moindre doute sur la cause à laquelle ils la doivent.

En commençant à rebours un travail excessivement délicat, il arrivera nécessairement l'irrégularité dont j'ai parlé, c'est-à-dire que l'édifice différera dans sa méthode, et que les divers matériaux employés ne constitueront aucune harmonie.

Or, dans les cas où le commencement de génération est accompli en sens inverse, soit dans une posture contre nature, il y a irrégularité dans l'œuvre édifiée.

Voilà l'origine des *gauchers*. Je leur demande s'ils ne professent pas eux-mêmes pour cette irrégularité une certaine prédilection, et j'ajoute que je mets au défi qui que ce soit de me taxer d'imposteur.

Il est temps de chercher à expliquer les anomalies de caractère.

Chez les uns je constate cette aménité et cette urbanité qui les rendent d'un commerce si agréable.

D'autres je m'éloigne après avoir écouté des lamentations sans fin, dans lesquelles ils considèrent que tout est frappé d'injustice à leur égard, et qu'ils sont en quelque sorte bannis du reste des humains.

Viennent ensuite ces grognons, toujours rogues et affairés, n'ayant pas même le temps de trouver la moindre formule de politesse pour excuser ou tout au moins expliquer leur manque de convenance.

Je m'occuperai des derniers, de ceux qui, déjà favorisés du sort, le trouvent cependant parcimonieux à leur égard, et le maudissent dans ses largesses accordées à autrui. Ceux-là s'appellent égoïstes.

Je prends les premiers et je reconnais à des signes infaillibles la faculté qui les rend si précieux.

Avez-vous remarqué, dans les allures de ces gens correctement vêtus, le soin qu'ils mettent à éviter tout froissement d'amour-propre, toute cause de contrariété, et qui sourient de ce sourire bienveillant à vos écarts de langage, quelquefois oublieux de celui à qui ils s'adressent ?

Ces gens dits bien éduqués ont puisé ce charme dans une conception obtenue après les exigences de politesse imposées à tout invité de soirée ou de bal.

Comment pareil phénomène peut il se produire ?
C'est bien simple.

Le cerveau, constamment envahi par le murmure délicieux, qui résulte d'échanges de bienséance, conserve cette douce impression et la transmet à celui qui résultera des conséquences d'une atmosphère attiédie dans des émanations parfumées et qui viennent donner au cerveau la chaleur communiquée ensuite aux sens qui exigent alors satisfaction.

Y a-t-il un seul homme dans l'humanité qui ait échappé à cette exigence ?

Quant à ces Jérémies modernes, la vallée de larmes dont ils possèdent le grand réservoir a été alimentée dans ce que nous appelons *déception*, ou bien, pour mieux exprimer ma pensée, dans ces conceptions qui arrivent au milieu des luttes décevantes de la vie.

———

Il est certain que s'élever à de pareilles hauteurs scientifiques démontre ou des connaissances spéciales ou des dispositions physiques exceptionnelles et de nature à confirmer, dans tous

les cas, ces paroles des livres saints : « Dieu choi-
« sira pour ses œuvres celui d'entre vous tous
« qui quelquefois paraîtra le plus humble. »
Témoin. Jeanne Darc, cette bergère, humble et
pieuse, qui devait laisser un nom sillonné d'un
éclat éblouissant dont la lumière éclairera éter-
nellement.

Écoutons ces gens disposés à châtier à chaque
instant, ne trouvant rien à leur convenance et
prétendant même dépasser en adresse ceux appelés à les servir.

Chez ces gens-là, comme on dit vulgairement,
le cœur est meilleur que la tête. Vous les verrez
s'apitoyer, en grognant, sans doute, sur la moindre
infortune, et répéter à qui veut l'entendre : je
crie bien par ci par là, mais au fond je ne suis
pas mauvais.

Cette étrange manière de pratiquer la mansuétude dérive d'habitudes, chez les auteurs, de
n'être jamais fixés sur leurs idées, et de mettre
alternativement la souplesse et la rigueur dans
l'exécution de leurs projets.

De là le manque d'équilibre dans le cerveau
du procréé.

Il advient, dans certaines circonstances de notre
existence, si difficile à remplir, des aventures qui
nous placent sous la coupe des vautours humains,
qui, diffé.ent du *Prométhée* antique, ne dévorent
que les autres.

Est-il besoin de leur donner un nom? Pour cela, il faudrait le choisir dans le triste vocabulaire intitulé *égoïsme*.

En effet, après s'être bien repus, ces vampires de la société ne connaissent d'autre digestion que celle de recommander la sobriété aux autres. Ils vont même plus loin; égoïstes, ai-je dit, ils éloignent avec soin toute satisfaction accordée à autrui, et cherchent clandestinement à en déduire le bénéfice à leur profit.

Ces êtres, remplissant dans la création le rôle des rongeurs dans un appartement, ne peuvent évidemment revendiquer d'autre origine que celle infligée aux écarts de la nature. Aussi vais-je la leur dévoiler.

Mon cœur se serre à l'approche du devoir qui lui est imposé.

En le couvrant de ténèbres, Dieu a voulu sans doute éviter au genre humain le spectacle terrifiant de deux êtres immondes, accouplés comme deux bêtes fauves, et procédant dans l'ombre au plus saint des devoirs, en contact avec l'animal propre à exciter nos sens, c'est-à-dire dans une écurie.

Les émanations délétères de ce bouge, ajoutées au souvenir des organes de l'animal, concourent, dans certaines proportions, à la génération, et dissipent des molécules indispensables à la perfection du fœtus.

Phénomène qui a changé en insensibilité animale la sensibilité humaine.

L'Alimentation.

Enrégimenté moi-même dans la catégorie des travailleurs appelés à établir des comptes, je désire transmettre à mes collègues le fruit d'une longue expérience.

Assis constamment ou si l'on veut dans une attitude contre les lois naturelles qui exigent chez l'homme le maintien de sa fière prestance, nous contrarions les organes faits pour cette prestance; de même que l'animal ne saurait conserver longtemps sans fatigue une position verticale, et les aliments destinés à la nutrition s'entasseraient désastreusement dans un même point.

Donc, l'état sédentaire de l'homme détermine le même phénomène, c'est-à-dire que les aliments conservent une immobilité contraire à leur parcours rapide de l'estomac au duodénum. Ce qui indique la composition des excréments presque identiques aux aliments ingestés. Tandis que chez les hommes occupés à des travaux manuels, la matière fécale est absolument distillée; et même chez les Romains, disposés à tous les exercices du corps, elle était presque nulle.

Certainement des définitions aussi nature peuvent faire hausser les épaules à ces praticiens qui sont allés chercher leur titre de docteur, gantés et parfumés, la seule distinction peut-être qui les a recommandés à la bienveillance d'examinateurs fort embarrassés eux-mêmes, lorsque l'examinée se nomme *Marie Pierre*, jetant à la face des maîtres le plus sanglant des outrages, par l'exposé de théories que confirmeront les recherches futures et qu'elle avait apprises ailleurs que dans leur fausse instruction.

Je reprends à son dernier mot ma démonstration et je continue à décrire la marche des aliments changés, dans cette marche, de forme, de composition et enfin d'émanation.

Le pain introduit dans la bouche dépose, à la mastication, son principe sucré ou gluten. C'est ce qui le rend si savoureux et explique la grande consommation de ce farineux.

A la déglutition, il change de forme et passe à l'état de bouillie échauffée, descend difficilement dans l'œsophage, tombe en cascades calcinées dans la chaudière et arrive en feu au duodénum.

Par cette découverte, je dévoile en passant ces fièvres donnant lieu à certains indices typhoïdes, qui trompent le praticien sur la nature de l'affection et font leur apparition dans des groupes de soldats occupant des casernes à latrines sans écoulement immédiat.

L'origine de cette fièvre est due à l'incandescence duodénale, commune aux jeunes gens qui, insuffisamment rassasiés d'habitude, apaisent leur faim en mangeant du pain sec, fabriqué à l'aide de farine légèrement fermentée.

Cette vérité aura dans tous les cas sa confirmation dans ce fait, qu'il n'y a jamais eu de sous-officier, prenant ses repas à la cantine, atteint de cette fièvre, qu'il ne faut pas assimiler non plus à la morbidité de la suette, maladie également fréquente dans les casernes et que je traiterai à la fin de ce chapitre.

Le feu duodénal allume — c'est bien l'expression — cet autre foyer, préparé par des courants atmosphériques, traversant la corruption fécale des latrines, pour aboutir, au moyen de l'anus, dans l'égout organique et créer cet incendie diarrhéique dont ils fournissent l'élément de combustion.

Les conséquences sont celles décrites dans la suette.

Dans les ménages, le pain précède et accompagne d'autres aliments.

Parmi ceux-là je ne citerai que la pomme de terre habituellement absorbée par le pauvre, ce tubercule qui a justement élevé au rang des bienfaiteurs de l'humanité son introducteur en France.

La pomme de terre, de quelque façon qu'elle soit préparée, arrive avec difficulté à se frayer passage à travers les portes qui précèdent le couloir conduisant à la chaudière.

Enfin, parvenue à destination, elle absorbe à son tour, comme le fait la sciure de bois pour l'humidité, tous les sucs gastriques et ne les rend que difficilement à la pression duodénale. Il en résulte une déperdition de principes nutritifs et cette odeur fétide à leur évacuation, sans parler des inconvénients d'un autre genre, justifiés par des boursoufflures épidermiques, exacerbation de plaies, des douleurs faciales, cette décrépitude apparente chez les malheureux avant l'âge.

Tous ces maux proviennent du principe azoté de cet aliment que, dans une charitable intention et dans une haute et généreuse pensée, l'homme de bien, qui ignorait l'existence de ce principe, a offert à ses concitoyens.

Quelquefois le déshérité d'ici-bas peut, au prix de pénibles efforts, ajouter à son maigre repas quelques-uns de ces détritus informes, dont j'explique plus loin le pouvoir unis aux tubercules azotés. Dans ce cas la viande de boucherie ainsi dénommée se sépare de son associé et arrive après lui dans la chaudière, où elle ne trouve par conséquent aucun des sucs distillateurs pouvant dérober à la viande ses principes nutritifs pour les conduire au cœur et donner au liquide sanguin ses propriétés ferrugineuses qu'emporte dans l'intestin cet aliment délaissé.

J'ai déjà parlé à propos de guerriers de ce produit italien ou hindou appelé à lui seul à gagner autant de batailles que le plus redouté des conquérants.

D'abord quelle est son origine ? Il provient de rizières, c'est-à-dire d'une fange liquide.

Je me découvre! et je prie qui que ce soit de me dire si pareil produit ne contient pas les éléments dans lesquels il a pris naissance.

Ce qui le prouve, c'est que, non seulement la plante et le grain, mais encore les malheureux cultivateurs de ce poison subissent ses ravages.

Apporté sur la table du riche, ce mets y apparaît sous diverses formes qui modifient souvent le dangereux aliment.

Sur celle du pauvre, allié ou plutôt corrigé par certains condiments, ses effets quoique nuisibles ne présentent plus de caractère dangereux. Mais, lorsque l'ignorance s'empare de ce médicament, elle commet un acte, dont j'adoucirai la cruauté, en le qualifiant d'homicide par imprudence.

A côté de ces fils du travail j'en choisis un de forme petite et gracieuse; il est appelé à orner la table du riche, comme aussi à satisfaire l'appétit de celui qui ne l'est pas.

J'ai nommé le haricot.

Ce grain provenant d'un herbacé qui dérobe à la terre ses agents ferrugineux et les conduit dans l'enveloppe destinée à protéger le grain jusqu'à sa complète maturité.

Devenue inutile, cette enveloppe livre passage au bienfaisant dérivé de l'agriculture, héritier de ses propriétés fortifiantes.

Entendons-nous cependant quant à son usage.

Pris en quantités considérables, il change son bienfait en gargouillements intestinaux occasionnés par le bulbe, dirai-je, qui, très difficile à dissoudre, s'évacue dans toute sa consistance, établissant sur son parcours des gaz méphitiques, créés par cette consistance qui les distille, faudrait-il dire, dans l'autre matière.

Il convient donc de faire un usage modéré de ce légumineux phaséolé, inappréciable, transformé en purée tamisée.

Cette graine de forme ronde et de couleur verte, le petit pois, usurpe, à notre détriment, son injuste réputation.

Si le haricot est favorisé, par contre celui-là est bien le réprouvé de la terre.

A plusieurs mètres de la plante, des courants empestés cherchent à rejoindre leur congénère et finissent par l'atteindre.

Liés ensemble, ils enfantent des gaz, dont le danger n'est comparable qu'à l'asphyxie elle-même; et, sans le secours de la fleur, qui les répand dans l'atmosphère, cette plante serait à redouter.

Je supplie les chimistes de me donner raison en analysant cette fleur.

Comment oserais-je conseiller semblable ennemi de tout ce qui respire ? Je serais responsable des fluxions à la joue, des difficiles respirations, des maux de dents, de la plus désagréable des indispositions résumée dans la difficulté d'uriner.

Quittant les produits agricoles qui émergent de la terre, je vais m'occuper de ceux qui, plongés dans son sein, y puisent leur saveur, leur propriété nutritive, enfin cette forme étrange, terminée en fils multiples chez certains, comme l'ognon ou le porreau, et chez d'autres par un seul, mais volumineux. De ce nombre, principalement la racine jaune et le navet.

Je commence par celui des deux couleurs d'or.

D'où vient-il?

Dans les terrains aurifères, des germes de végétaux sillonnent le sol à certaine profondeur. Attirés à la surface par l'attraction solaire agissant sur ces terrains en vertu de lois à découvrir, ce légume est construit à l'aide de la matière aurifère dont il renfermait autrefois une grande quantité presque disparue dans ses cultures successives sur des terrains contraires.

J'ai dit: presque disparue, par la raison bien simple que la racine jaune en recèle encore.

Ce précieux désaltérant, cru, fut importé en Europe par ces désespérés de la civilisation, poussant ce désespoir jusqu'à ces repaires où toute notion humaine disparaît, pour faire place à la férocité.

Les récits venus de ces contrées lointaines foisonnent d'écrits justifiant ces férocités, qui prennent leur source dans un sentiment de cupidité, lorsqu'il n'est pas amendé par d'autres.

Je défie les moralistes de trouver une autre explication aux crimes que commettent les déshérités en toute chose pour s'emparer du bien d'autrui, et, je fais un pas de plus, je les déclare inconscients. Je le prouverai à la première autopsie à laquelle on voudra bien me faire l'honneur de me convier.

La boîte contenant la merveille anatomique appelée cerveau me fournira cette preuve, en constatant dans son ensemble l'absence de certaines cases.

Je n'en dis pas davantage, et je reprends ma pioche.

J'arrache ce bienfaisant légume.

Je l'examine et je constate des cavités nombreuses sur son enveloppe.

Lorsque la ménagère cherche à les faire disparaître à l'aide d'un instrument tranchant, elle ne se doute certainement pas qu'elle jette de l'or dans la boîte à ordures. Cet or, bien entendu; au figuré, car le métal existe dans tout l'ensemble; je parle au point de vue du bienfait de l'auxiliaire d'autres aliments auxquels il communique sa propriété essentiellement métallique, précisément dévolue, en majeure partie, à la rapure délaissée.

Depuis la discussion qui s'est élevée au sujet des métaux, comme agents thérapeutiques, l'or a toujours tenu le premier rang, par son affinité animale, démontrée par le passage de ce métal dans n'importe quelle partie du corps sans laisser de traces.

Conclusion : la racine jaune est un mets précieux.

Son confrère en forme, mais différent de nuance, prend lui aussi racine dans des terrains minéraux ; seulement il ne s'allie qu'au platine, dont il conserve du reste la couleur.

De ce mets je ne dirai pas grand'chose, si ce n'est qu'il fut dérobé à ces terrains par des peuplades nomades, venues de l'Orient, dispersées à la suite d'une disette formidable qui les obligeait à se nourrir de racines. Celle-là leur parut de saveur douce, quoique fade, et ils importèrent sa graine en Europe.

Le navet, corrigé dans sa fadeur, est de facile digestion et contribue puissamment à l'élasticité des nerfs.

Il pourrait, comme la vertu remplace le vice, être substitué au bromure de potassium.

J'ai de la peine à déraciner cette plante potagère, attachée à la terre par ses multiples fils. Cependant, je donne un coup d'instrument beaucoup plus profond, et je ramène à la surface un produit de gaz condensés.

N'ayez pourtant aucune crainte. Cette condensation est le résultat de ceux définis dans la science, à l'article *ferrugineux* ; car ce fidèle ami de l'homme ne contient que du fer dyalisé, c'est-à-dire un ensemble constituant la force indispensable à notre sang.

Je conseille donc l'ognon, préparé à toutes les sauces.

Déjà, dans l'antiquité, ce légume était fort

apprécié, et le pauvre, savant d'instinct, en fait sa principale nourriture. Ce qui justifie ces journées de labeur dans des contrées torrides, supportées avec aisance, à l'aide de ce maigre mais fortifiant aliment.

Je déracine à côté de l'ognon une plante similaire dans ses formes extérieures.

Arrivé dans mes mains, il m'offre l'aspect d'un bâton chevelu, et je constate également des différences dans la composition étaminée ; mais en le dégustant je ressens la même impression que celle produite par l'ognon. Ah! c'est que le porreau dérive des mêmes gaz, et ne doit sa forme cylindrique qu'à l'abondante chevelure qui l'attache à la terre, tandis que celle de l'ognon, moins volumineuse, facilite son développement elliptique.

Dans bien des affections, l'influence atmosphérique joue le premier rôle.

Le second est dévolu aux abus.

De quelle nature est cette influence et d'où dérivent ces abus?

L'air est composé, comme chacun sait, de quatre cinquièmes d'azote et d'un cinquième d'oxygène, marchant ensemble et toujours unis comme deux malfaiteurs.

Le premier, bien qu'il soit dépouillé de son principe nuisible par un autre élément qui le suit et que j'explique dans d'autres circonstances, n'en est pas moins dangereux à respirer.

Le second, débarrassé comme le premier de ses attributions malfaisantes, corrige les méfaits de son associé, de sorte qu'ainsi modifiés ils concourent à l'activité vitale de tout être, plante ou animal.

Mais, ici, il y a une distinction à faire.

Dans les végétaux existe un liquide qui prend le nom de *sève*, ou influence de la végétation. Cette influence subit celle des deux agents dénommés plus haut, et s'assimile aisément avec eux, tandis qu'elle est contraire à l'assimilation animale.

C'est dans cette loi que réside la cause du dépérissement de la créature arrivée à son terme final, de même que dans cette loi se trouve celle de l'anéantissement de la plante, après avoir donné sa vitalité, vitalité activée, comme nous le disions, par des courants atmosphériques qui, faisant office de repoussoir, la conduisent jusqu'à l'extrémité du végétal, donnant naissance dans cette pression aux fruits dont les germes existent déjà dans la sève.

La fleur qui précède le fruit est le gaz atmosphérique qui, par une délicate attention de la nature, s'échappe sous une gracieuse forme, après avoir accompli son œuvre dans la création. Car, de même que l'animal, il a son rôle indiqué dans l'harmonieux ensemble.

Ces fleurs, analysées, exprimeraient d'une façon certaine la nature des gaz et, par conséquent, leur danger ou leur sécurité. Indice qui pourrait nous guider dans l'usage des fruits, trop souvent offerts à notre goût, sans consulter leurs principes.

Ainsi s'expliquent ces diarrhées, ces échauffements et même ces indigestions, lorsque nous commettons l'imprudence de toucher à la *pomme*, à la *nèfle*, à cette *abominable grenade*, écloses sous l'action des gaz azotés; à la *pistache*, à la fabuleuse *prune*, dérivées de l'hydrogène; enfin à bien d'autres, me réservant pour le dernier celui qui les domine tous, la *poire* de toutes les saisons, issue de gaz empestés.

J'oppose à ces ennemis les amis suivants : la *figue*, dont les propriétés dépuratives dépassent en bienfait le goût délicieux de ce gracieux fruit, dépendant de courants atmosphériques albumineux, ce qui justifie sa douceur.

Ensuite, je désigne cette forme ronde et veloutée appelée *pêche*, produit de gaz iodés.

Vient après ce désagréable mais salutaire *coing*. Dans son âpreté, il renferme ses auteurs, c'est-à-dire des gaz émollients, dans l'opium ioduré.

Je recommande l'*abricot*, arrivé à complète maturité, mais à peine cueilli; il contribue à la dissolution et à l'expulsion d'humeurs qu'il rencontre dans son parcours, chassées par des gaz ferrugineux, dont il dérive.

Comme pour les ennemis, je donne au plus digne de notre goût la place dernière; c'est le raisin bien mûr, noir de préférence, parce qu'il détient des gaz de nature à chasser certaines àcretés bilieuses.

Contrairement aux fruits malfaisants cités en tête, la diarrhée provoquée par celui-ci est un bienfait, débarrassant nos organes de détritus cachés dans leur replis.

Il existe encore des fruits dangereux, et, bien que nous en fassions usage, nous sommes loin de leur attribuer la cause d'indispositions qui leur sont dues.

Si je considère l'*arbouse*, dont on façonne des confitures, je suis obligé de m'écrier : mais c'est du poison !

Quel estomac supportera sans danger pareil toxique ? Amalgame de créosote, de benjoin, de noix de galle, de racine d'iris et d'une infinité d'autres ennemis, protégés par le parfum des agents précités.

Celui des chimistes qui voudrait mettre en doute mon affirmation, je le prie par dignité de procéder au préalable à l'analyse de ce fruit champêtre.

Il ne faut pas seulement toujours s'attaquer au mal, il faut aussi chercher le bien.

Je le trouve dans ce fruit délicieux et bienfaisant, la *fraise*, originaire des contrées arides de la Palestine et apporté par les Israélites, qui le découvrirent dans leur fuite devant les soldats d'Hérode, appelés pour combattre et chasser ces hordes incultes, fourbes et rapaces.

Il convient de savoir choisir ce fruit pour lui conserver ses propriétés curatives.

La fraise doit être ingestée telle que la fournit la plante, et, après un lavage à l'eau claire, débarrassée ensuite des parties atteintes par les insectes ou insuffisamment mûries.

L'art de l'office dénature ce fruit dans ses précieuses qualités par des additions artificielles.

L'analyse de la fraise donne une abondance d'albumine, d'alcali, d'iode diaphane, d'opium édulcoré, etc., principes qui absorbent la bile inutile à la digestion et la transforment en chyle.

Les nombreux cas de guérison obtenus par l'ingestion répétée et abondante de ce fruit précieux s'expliquent par cette seule raison que, la plupart de nos affections ayant pour cause la production exagérée de la bile, la fraise fait disparaître cette cause.

Lorsque certain médecin affirme la guérison de la folie obtenue par l'usage prolongé et en quantité de la fraise, il est loin de se moquer de la science ainsi qu'on l'a prétendu ; seulement le cas qualifié par lui de folie n'est que le résultat d'une compression exercée par la bile sur la matière cérébrale et dissipée par l'action détersive du fruit.

La fraise doit nous être doublement précieuse, car à ses riches propriétés la nature généreuse et délicate ajoute un doux souvenir en rappelant à notre tendresse cette autre fraise, la glande mammaire, instrument qui a servi à nous donner la première nourriture de l'enfance.

Dans les bienfaiteurs, je signale encore le fruit du dattier, à une condition expresse cependant, c'est qu'il sera cueilli bien mûr et livré à la consommation immédiatement; j'appelle : immédiatement, cinq ou six jours au plus après sa séparation de l'arbre qui le porte. Dans le cas contraire, il n'est bon que pour ceux qui le cultivent : sobres, infatigables, robustes, énergiques et dispensés de ces indispositions communes aux Européens : dysenteries, coliques hépatiques, maux de dents, en général, fièvres intermittentes; épargnés aussi par celle dite typhoïde, bien qu'ils ne boivent que de l'eau, agent qui sert de véhicule, au dire de certains enseignants, à cette fièvre.

Je ne m'arrêterai pas à ce petit obstacle qui prouve une fois de plus que la science médicale du jour, à court de savoir, le cherche à droite et à gauche, sans direction précise.

Je reviens à la datte. Dans son noyau existe une huile essentielle, de nature fébrifuge, mais dont le bienfait disparaît lorsque la fermentation l'a confondue avec le fruit. Inconvénient qui n'a aucune influence sur la digestion des indigènes, mais qui agit puissamment et d'une manière désastreuse sur celle des Européens.

Je désire citer encore deux ou trois de ces fruits, et je passerai ensuite à la chair d'animal.

Je cueille une *banane*, et, après l'avoir dépouillée de son enveloppe, je la porte à ma bouche.

Au premier coup de dent, je constate une faible résistance, semblable à celle que l'on éprouve en mâchant du maïs en bouillie congelée. Cela est d'autant plus rationnel que ce fruit dérive du même grain, et que soumis à l'analyse il donne les mêmes produits. Ce qui revient à dire que la banane est un agent thérapeutique naturel à utiliser dans les fluxions et non à servir de dessert, car son principe mucilagineux détermine sans nous en douter des boursouflures internes qu'il combat efficacement à l'extérieur.

Je tends le bras et, faisant plier la branche, j'approche de mes lèvres un de ces fruits qui porte le nom de *nèfle*. Je le déguste et me sens complètement agacé, car j'ai eu l'imprudence de lui conserver la peau.

Dans sa chair ce fruit est savoureux et, dirai-je, bienfaisant; mais, enveloppé de sa pellicule, il contient des acides fort dangereux. C'est la raison qui me l'a fait inscrire parmi ceux signalés comme nuisibles.

Encore un et c'est le dernier, la *prune*, également signalée au commencement de ce chapitre.

Celle-là doit disparaître du régal des gens qui, jouissant d'une bonne santé, ne veulent pas la compromettre, et accepter comme laxatif et non comme rafraîchissant ce fruit désséché, contenant alors, outre ses propriétés hydrogénées, celle de la fermentation, réunion de deux agents très dangereux.

Examinons maintenant les viandes dont nous

faisons usage, en dépit de lois qui édictent le contraire.

Ici, je dois entrer dans un terrain déjà battu.

La créature, quelle qu'elle soit, a droit à l'existence. Il appartient au créateur seul d'en déterminer la durée, et je parle -- n'en déplaise à quiconque — pour tout ce qui agit à la surface du globe, depuis le ciron jusqu'à l'homme.

Malheureusement, les lois dont il s'agit contrarient les difficultés de la vie et facilitent le nombre croissant des êtres. De là cette tendance à s'en débarrasser et aussi ce goût acquis en présence d'aliments indispensables à la subsistance de certains.

Nous avons constaté que ce besoin d'aliments avait occasionné même l'anthropophagie. Dès lors, ce goût transmis des uns aux autres est arrivé jusqu'à nous et, disons-le, il persistera toujours.

Il faut donc choisir entre les diverses espèces d'animaux ceux qui offrent le moins d'inconvénients.

Je ne dirai pas un seul mot de ces voyageurs ailés, pas plus que des habitants champêtres traqués par les chasseurs.

La *goutte*, l'*apoplexie*, les *attaques périodiques*, les *démangeaisons occultes*, et enfin la *calvitie*, parleront pour moi.

Je prends et j'examine le chevreau. Que vois-je dans ce cadavre? des organes à peine formés, c'est-à-dire un fruit imparfaitement mûri. Il ne peut donc remplir le rôle nutritif dévolu à son auteur.

Celui-ci, par exemple, je le recommande. Il est de tous les animaux celui qui contient dans son ensemble le principe fortifiant par excellence, et la bible se trompe lorsqu'elle affirme que Jacob prépara des mets à l'aide de la chair de chevreau, dont il revêtit en partie l'enveloppe. Les anciens, plus instruits que nous, se seraient bien gardés de commettre pareille profanation.

Je dépasse la chèvre et je saisis le mouton. Comme cette dernière, sa chair, très appréciée des Orientaux, est absolument bienfaisante. Grillée, elle fortifie, et, soumise à l'ébullition, elle est rafraîchissante.

Je prends le *bœuf* par les cornes et le pousse en dehors de mon inspection, car j'ai appris à le connaître dans cette interminable alimentation faite de sa chair dans les casernes.

Il est indigeste, peu nutritif et fauteur de désordres intestinaux, expliqués à la visite du médecin traitant, qui les combat, bien loin de se douter de leur origine.

Je chasse devant moi cet animal immonde, appelé *porc*, et je constate des formes identiques à celle du *lièvre*, notamment dans le train de derrière, supporté par des jambes en équerre. Quant à la partie du devant, elle est moulée sur celle du *cerf*.

Je craindrais de provoquer une détente extraordinaire de la rate, ce qui revient à dire un

accès d'hilarité, en donnant la cause de ces res-
semblances.

Je me bornerai seulement à dévoiler le rôle de
ce pachyderme, secrètement averti de sa fin pro-
chaine, et n'ayant, dès lors, d'autre souci que de
bien vivre.

De son œil brillant et plein d'intelligence, il
quémande à tout visiteur une provende quelconque et pousse un grognement de satisfaction à
cette aubaine, de même qu'il tourne le dos au
curieux qui ne lui apporte rien.

D'une fécondité prodigieuse, donnant le jour à
des maraudeurs, toujours à la recherche de faciles
déprédations et d'immondices pour couche.

Impropre à la fécondité du sol par son engrais,
il est spécialement chargé de le débarrasser
de la matière fécale en décomposition, — ignoble
produit pour lequel il manifeste une dégoûtante
prédilection, justifiant ainsi la punition infligée
à son horrible et antique origine.

Apprécié à tort dans l'alimentation de l'homme,
qui doit à l'usage en abus de sa chair les épouvantables plaies cicatrisées par Moïse, et la cause
d'affections hideuses, l'usage modéré de la viande
de porc engendre la trichinose et des indispositions journalières, telles que diarrhée dans certains cas, échauffement intestinal dans d'autres,
mais, dans tous, la manifestation d'abondantes
excitations génitales.

Après ce rapide exposé, on sent, c'est le mot,
que la pourriture — savoureuse malheureusement

— appelée viande de porc ne peut qu'être nuisible.

Je saisis le licol qui sert à séquestrer le cheval, et, faisant un bond, je m'élance sur lui.

A peine ai-je eu le temps de me consolider qu'il franchit l'espace à fond de train.

Ah ! c'est que ce monodactyle n'a d'autres dispositions que celle de la vélocité. Le contraindre à la force de traction est un acte contre sa nature, et, vouloir le destiner à notre table, sous quelque forme que ce soit, est, non seulement absurde, mais barbare.

Absurde, car sa chair est détestable et contient des éléments dangereux, — presque toujours un principe farcineux dont j'indique la provenance dans un autre ouvrage.

J'ai dit barbare, par la raison bien simple qu'il est inutile de mettre à mort des animaux indispensables, cette mort ne pouvant être compensée; car, en dehors de sa mission, le cheval n'est utilisé qu'à son détriment et au nôtre.

Je désire faire amende honorable à l'égard d'un seul des animaux composant la chasse dite des fauves, le *daim*.

Par sa nourriture choisie dans des herbacés odoriférants, le gracieux porteur de bois donne à sa chair un parfum qui la rend précieuse, surtout dans l'alimentation des nourrices. Leur lait puise dans les sucs de cette viande un principe

correcteur pour son âcreté. Les ruminants la corri-
gent à l'aide des moyens herbacés préférés par le
daim. La viande salée de ce dernier remplirait
le même office.

Je conseille donc la capture et l'élevage privé
de ce ruminant d'une autre espèce, très facile à
familiariser.

Je prends et soumets à la cuisson ce filet de
chevreuil, et, malgré le soin que j'ai pris de l'en-
duire de matières grasses, il offre une certaine
résistance au feu. Ce n'est qu'en dépassant le temps
employé à réduire toute viande que je parviens à
le rendre mangeable.

Cette opposition à la cuisson est due à la qualité coriacée de ce fauve sans saveur, quoi qu'on
en dise, et qui n'est apprécié que par cette orgueil-
leuse raison, que le riche seul touche à ce mets
bien certainement délaissé par le pauvre s'il devait
exclusivement en faire usage.

Il en est de telle exception, de même que pour
celle du champagne, dont on fait le complément
d'un dîner à cause de la cherté de ce vin, arrivant
après les autres, et qui sert bien plus à la joie
des convives qu'à satisfaire leur goût.

———

Le liquide sanguin est composé de divers éléments. Celui qui domine tous les autres a en
même temps la propriété de les coordonner. Il
porte le nom de *sérum*. Mais, fragile, dirai-je, dans
sa consistance, il se sépare au moindre choc,

laissant par conséquent ses co-alliés sans direction correcte.

Le choc dont je parle peut être déterminé soit par des abus, soit, mais plus rarement, par des accidents.

Je néglige ce dernier cas, dont l'inconvénient minime disparait de lui-même en très peu de temps, et je vais m'acharner — c'est le terme à employer — à la complète extirpation des abus.

Cette bénigne condition animale défiant la science qui l'a baptisée *hématurie*, c'est-à-dire d'un nom à peu près incompréhensible comme toujours, et qui par cela même jette la crainte dans des cerveaux débiles, a pour première cause l'affaiblissement de cet organe, qui, dépourvu de limon fécondant ou de principes ferrugineux, n'a plus la force nécessaire pour réglementer la circulation sanguine, d'où il résulte une indéniable déviation dans la marche du liquide, notamment lorsque l'aorte le déverse pour faire retour à son point de départ.

Par ses affluents, cette artère alimente la partie thoracique, chemin qui les conduit au cœur.

Dans le parcours, bon nombre de ces auxiliaires, n'ayant aucune force de pression, laissent échapper leur contenu par infiltration. Ce suintement se réunit sur le diaphragme ; l'urine arrivant d'un autre côté entraine avec elle ce liquide égaré.

Voilà dans sa simplicité ce fameux *pissement de sang*, dont le secret a déraciné bien des cheveux.

Si c'est nécessaire, je répondrai par l'explication du rôle et de la marche des liquides dans l'organisme à l'objection, qui pourrait m'être faite, que les *urétères* sont les seuls conducteurs de l'urine à destination.

Je passe maintenant aux différentes causes de l'absence de limon.

Je saisis la première à peu près commune à chaque individu. Elle dérive de la déplorable habitude que nous avons de consommer tout aliment qui offre à notre palais une certaine saveur. Malheureusement cette saveur détient parfois des causes de débilité.

Je fais un tour de marché et je m'arrête devant ce produit d'excréments en grande faveur sur la table du riche de même que sur celle du pauvre, et servi sous le nom absurde de *champignons*.

Ceux qui se récoltent dans des terrains incultes proviennent, comme ceux cultivés dans les caves, de gaz échappés à la déjection, l'une des fauves, l'autre d'animaux domestiques.

Je pense que personne n'osera mettre en doute cette affirmation, puisqu'il existe des *usines* — disons le mot — de cet ignoble cryptogame. Dès lors, il est naturel que ceux recueillis dans les champs aient la fiente d'animaux pour auteur.

Examinons maintenant cet aliment.

Le créateur a, dans bien des circonstances, tracé à notre observation des lignes de conduite. C'est ainsi qu'il a donné à l'aliment digéré la fétidité qui l'éloigne de notre goût, décidant par cette infranchissable barrière la matière à retourner à son origine, pour subir à l'infini cette métamorphose.

Or, ces excréments représentent la matière digérée, soit réduite à sa plus simple expression, et, partant, complètement débarrassée de ses sucs nutritifs.

Il est certain que je n'ai pas besoin d'entrer dans le moindre développement pour établir la négation de ce favori des gourmets, au point de vue fortifiant, mais je lui dois quelques explications au point de vue contraire.

Dépouillé comme le mendiant sans ressources, il s'en procure au détriment des autres. Il prend à la viande son principe ferrugineux, à la fécule son arome glycogénique, au pain son gluten, aux différents légumes leur propriété spéciale, et ce maraudeur les conserve sans en laisser tomber un atome, pour les emporter dans le dépotoir.

Je mets en fait qu'un homme qui se nourrirait de cette éponge ne vivrait pas huit jours.

Je voulais laisser à leur propre danger le soin de détourner de notre prédilection ces divers poisons. Mais, comme rien ne corrige, surtout lorsqu'il s'agit de satisfaire des appétits grossiers, je vais indiquer les ravages et la cause qui les produit dans nos organes.

Prenons d'abord la cause.

Dans des terrains incultes, une masse de végétaux répandent leurs émanations à de grandes

distances et cherchent en général des congénères.
Ils en trouvent un de composition similaire et
s'allient à lui, de sorte que ce produit empesté
constitue la réunion de plusieurs gaz dangereux, et, si ces gaz ne produisent pas toujours des
ravages, cela tient à la nature de l'entourage et
explique en même temps l'erreur du marchand
qui la veille avait vendu des champignons inoffensifs de même forme, de même couleur et de
même saveur.

Arrivons maintenant au désastre.

Dès que ce composé — que l'on dirait issu d'un
laboratoire tellement il est homogène — a franchi
le pharynx, cette homogénéité disparaît et chacun
des agents se dirige de son côté dans la chaudière.

Arrivés dans ce foyer, ils chassent tout ce qui
s'y trouve, s'emparent de la digestion obtenue
et la conduisent au galop — me permettra-t-on
de m'exprimer ainsi — vers le cœur, sans arrêt
au duodénum.

L'organe de sensibilité s'agite à ce contact (fièvre et pulsations) et rejette de son sein ce danger imminent, qui glisse alors dans l'abdomen,
où il met tout en désordre (coliques, tranchées,
douleurs d'entrailles, etc.).

Ce désordre retentit dans le thorax, mais, contrairement à la croyance admise, celui-ci ne contient rien de dangereux à évacuer, et les vomissements n'ont jamais déjecté aucun champignon.
La masse échappée au larynx est composée des
aliments repoussés par le poison.

Je me borne en conséquence à recommander dans des cas semblables les frictions abdominales, à l'aide de la belladone, et l'ingestion de quelques gouttes de laudanum.

Les premières chasseront les malfaiteurs au dehors, et le laudanum entrainera les gaz soustraits à l'action de la belladone, et je garantis l'existence, souvent compromise par duplicité.

Continuant ma tournée, j'examine l'étalage où gît une quantité de cadavres emplumés ou velus. J'en saisis un au hasard, et, l'approchant de mon odorat, je chancelle suffoqué.

Cela m'étonne d'autant moins que je connais cette décomposition et ses conséquences.

Si notre œil avait la puissance du microscope, je suis persuadé que les voisins de ce charnier jetteraient les hauts cris et s'éloigneraient avec frayeur de la buée en pourriture qui enveloppe la densité aérienne à une grande distance et à certaine hauteur.

Je conseillerais à quelque opticien de me seconder dans cette circonstance, pour affirmer ce que j'avance et m'aider à définir la myriade d'animalcules de forme bizarre et variée qui constituent toute corruption ; car, ainsi que l'a dit un savant, pour que la sensation corrompue soit perceptible par la muqueuse, il faut que dans son étendue cette corruption la touche, sans cela il lui deviendrait impossible d'en constater l'existence. Notre organe visuel limité est impuissant à nous avertir de la présence de tout agent contraire à notre odorat. Il est de même impossible à celui-ci d'être impressionné à distance. Il ne peut donner des gages de son impression qu'au toucher presque de l'odeur soumise à son contrôle.

Je pourrais m'étendre longuement à ce sujet et expliquer la cause de la différence de l'odorat humain, par rapport à celui de certains animaux, mais ce sujet prendrait dans cet ouvrage une place importante, pour l'attribuer à celui qui offre peu d'intérêt.

Je suis la corruption giboyeuse dans sa marche vers la chaudière et je m'arrête stupéfait devant ce fait étrange :

Les animalcules se séparent de la matière qui les a engendrés et se cramponnent aux parois de l'œsophage.

Usant de la vitalité qu'ils ont conservée dans la cuisson du cadavre, ils pénètrent dans l'organisme et se réfugient principalement dans le diaphragme.

Je reviendrai à ces reclus, et je poursuis la corruption.

Dans cette ébullition stomacale, de même que dans celle du bœuf appelé pot-au-feu, une quantité considérable de crasse nage à la surface et, nécessairement, finit par se joindre au tout, puisque aucune écumoire ne vient opérer, comme dans le bouillon de bœuf.

Pareil adjoint dans n'importe quel mets le rendrait presque immangeable.

Bien autrement important est son rôle dans la digestion, car c'est lui qui coordonne les divers sucs digérés et, comme le champignon, il les emporte dans le dépotoir.

Si après cela on cherche des causes du manque de limon, je suis prêt à les indiquer.

En voici encore une :

Des gourmands insatiables ne trouvent aucune saveur dans quelques aliments et s'évertuent à y suppléer par l'art culinaire.

Je prends le poisson, doué de la disposition aquatique par la même raison que l'oiseau possède celle indispensable de l'air, toutes les deux prenant leur source dans la composition oléagineuse de leur enveloppe, composition qui sert spécialement de condiment à la facile cuisson du poisson et lui permet de transmettre ses principes ferrugineux dans notre organisme.

Il convient donc d'employer l'huile pour la préparation de ce mets.

Ce riche produit de la nature prend naissance au passage de gaz qui sillonnent l'onde salée, fécondant certains éléments aquatiques.

Dans l'eau douce, ce sont des gaz albumineux qui produisent la richesse.

Y a-t-il une autre cause explicative à donner à l'inconcevable quantité d'êtres, toujours en aussi grand nombre, malgré des pêches miraculeuses et incessantes ?

Dans un cours d'eau privé de ces nageurs, il existe des gaz contraires, et, bien que l'on prenne

le soin d'y établir des piscines, il demeure toujours stérile.

Les monstres constatés dans les mers proviennent de transformations successives et lointaines.

Ces transformations dépendent de courants qui
modifient les formes primitives, arrivent à détruire
ces dernières et les remplacent par de nouvelles,
annihilant, en même temps, la propriété oléagineuse.

C'est ainsi que les poissons énormes ne possèdent aucun principe nutritif, et n'apportent
par conséquent aucun limon à la fécondité du
sol, pas plus que les petits, cuits au beurre ou
mis en sauce.

Je cherche encore autour de moi des aliments
débilitants.

J'en trouve de tous côtés.

La morue est absolument débarrassée de sucs
nutritifs.

Le hareng-saur, qui a nécessité mort d'homme
pour être conquis, est tout bonnement de l'am-
moniaque uni au carbone, provenant du ligneux
et du suintement de la fumée qui ont servi à son
desséchement.

Si quelqu'un parmi les chimistes désire contrôler cette assertion et qu'il arrive à me prouver
que j'ai tort, je ferai amende honorable !

Je continue mon examen et, attirant à moi cette

volaille morte, je jette les yeux sur la déchirure
qui a causé ce trépas.

A l'aspect de celle-ci, je constate l'état de
décomposition de ce volatile. Sa teinte violacée
me prévient d'être en garde et m'indique qu'il a
reçu le coup cinq ou six jours avant.

Je le repousse et passe à un autre. A celui-ci,
je lui trouve une couleur mate. Je le repousse
également ; il est occis depuis plus longtemps.

Enfin dans cette hécatombe j'en distingue un
à la surface couleur d'ocre. Je m'en empare
malgré la longueur de ses ergots, et je l'apprête
en sauce. Par ce choix et accommodé de cette façon,
je retrouve ses agents ferrugineux, que le rôtis-
soire ou la décomposition absorbe.

Je remarque chez le légumier une botte d'as-
perges ; je la marchande et son prix élevé me
démontre que ce phaséolé n'est pas fait pour
ma bourse.

Je m'éloigne, doublement satisfait, premièrement
parce que ce bâton aqueux n'a aucune faculté culinaire, en second lieu par la quiétude que j'éprouve
à voir prohiber ce mets aux pauvres besogneux.

Je pousse cette corbeille du pied et je fais appa-
raître à sa surface un fruit gracieux mais dangereux, la tomate.

Comme l'éponge destinée à sécher toute humidité, ce fruit légumier absorbe la densité atmosphérique corrompue.

Cette condition le désigne à la préférence du crapaud, ce batracien aussi utile que dégoûtant.

La tomate, dépourvue de quoi que ce soit, n'est autre chose que du *fiel* par ce fait qu'elle recueille la corruption dépendant de ces organes.

Je m'adresse à tous ceux qui ont goûté à ce fruit, et je leur demande s'ils n'ont pas été incommodés après le mets?

Si un seul me répond : non ! je retire mon allégation.

J'ai dit, au commencement de ce chapitre, que je voulais m'acharner à extirper les abus qui nous privent des éléments fortifiants.

Je continue donc cette besogne et je m'attable au cabaret. J'appelle le servant du lieu et je lui demande un verre de ses produits.

Il m'apporte un composé hétérogène à côté d'une carafe d'eau. Je cherche à m'expliquer l'usage de cette eau, et il m'apprend qu'elle est destinée à délayer cette mixture, autrement dit à préparer un verre d'absinthe.

Je laisse tomber quelques gouttes d'eau dans la mixture et aussitôt toutes les parties se détachent.

La première détachée s'appelle anis, l'absinthe le suit de près, l'alcool les pousse et les réunit de nouveau, pour ne former qu'un tout avec les autres parties négligées.

J'avale une gorgée de ce liquide et à l'instant mon larynx se sent fortement comprimé. C'est

l'alcool qui agit ; l'absinthe le précède et avec
son co-associé l'anis ils vont chasser de la panse
stomacale les aliments digérés, les remplacent
dans cet organe et produisent l'apparence d'appétit qui suit cette boisson. Ils agissent pour les
arrivants comme ils ont agi pour les autres et
finalement déterminent l'inappétence commune
aux buveurs d'absinthe.

Je n'ai pas besoin d'ajouter que dans ces conditions il y a toujours absence de ferrugineux.

Suffisamment écœuré par cette ingestion, je
renvoie à plus tard une deuxième tentative.

Je mets à profit cet intervalle et je retourne à
mes moutons. Pendant ce temps s'opérera l'évacuation des divers poisons qui constituent la
liqueur d'absinthe.

J'ai laissé les animalcules au moment où ils
pénètrent dans le diaphragme.

Chacun de ces animés a choisi sa retraite, et
celui qui dénie l'intelligence de ces animaux
n'aurait qu'à assister à ce défilé pour changer
d'avis.

A peine installés, ils commencent leur besogne.
Elle est assez compliquée.

Ils plongent alternativement dans le liquide
bilieux et dans celui sanguin.

Du premier ils extraient une gélatine qu'ils apportent dans le second.

A la longue cette coagulation de matières grasses
non épurées et déjà corrompues empoisonnera le

sang, créera dans celui-ci la cause de l'affection avilissante et douloureuse dite la goutte, et préparera l'atteinte apoplectique.

Je ne m'occuperai que de la goutte — l'apoplexie est suffisamment définie autre part. — Cette avilissante affection, ai-je dit, mérite bien cette qualification, car elle dévoile aux yeux de tous un esprit dominé par la matière insatiable et grossière.

Je continue la démonstration.

Le liquide sanguin, envahi par cet agent contraire, cherche dans des efforts incessants à le rejeter de son sein (douleurs passagères aux amygdales, aux reins, à la gorge), et, ne pouvant s'en débarrasser complètement, il le chasse vers les extrémités inférieures, soit aux doigts des pieds.

Le gros orteil, premier affecté, annonce l'atteinte déterminée — et je l'affirme — en suite d'abus génésiques.

Je sais bien qu'ostensiblement je serai dénigré, pour avoir porté ce coup aux puissants d'ici-bas, mais, intérieurement et confus, ils redouteront ma révélation.

Je pourrais encore ajouter ceci : le vin, la bière, le défaut d'exercice, le climat et autres absurdités, contribuent à la manifestation de ce défaut de dignité ; mais, comme je m'abstiens de faire du plagiat, je passe à autre chose.

Cette autre chose a bien son importance : j'en fais juges ceux qui me liront.

Y a-t-il eu un seul déshérité de la fortune affligé de cette affection ?

Dès lors elle est commune à la classe aisée.

Quelle est la différence à constater entre les deux ?

La mode d'alimentation.

Quelles sont les conséquences de cette alimentation ?

Surabondance d'excitations génitales et cause indéniable de la goutte et de l'apoplexie, juste ressentiment épargné aux pauvres.

Complètement débarrassé du liquide dit apéritif, évacué dans une fonction anormale, je reprends place au débit.

Élevant mes regards vers les étagères de l'établissement, ma vue s'arrête sur l'étiquette d'une bouteille et je lis en lettres imagées : *Rhum de la Jamaïque*.

Étonné de trouver cet agent thérapeutique dans telle officine, j'exige que l'on m'en serve un petit verre.

D'abord, décidé à cracher son contenu dès qu'il a touché ma langue, je l'avale cependant et supporte courageusement par devoir d'expérimentateur la sensation brûlante que j'éprouve.

Sans m'arrêter aux désordres que provoque cette incandescence dans toutes les parties de mon corps, je songe à la responsabilité du tortionnaire qui l'ordonne contre toute affection, même chez des enfants.

Il me faudrait entrer dans des dissertations interminables pour expliquer complètement l'effet de ce fer rouge introduit dans nos organes. Je m'arrête donc à la simple constatation suivante.

Je cherche avant tout l'origine du rhum, et le codex me répond : produit de la distillation des écumes du sucre fermentées.

Je consulte la fabrication de l'alcool et j'apprends qu'il est extrait de végétaux sucrés.

Je réunis ces deux distillations et j'obtiens tout simplement de l'arsenic. Voici pourquoi :

La distillation a caché à nos yeux la sève desséchée restée dans la plante ; cette sève, c'est du *sel de nitre*, contenu dans presque tous les herbacés à fruits conoïdes ; or, l'alcool est précisément cherché dans ces fruits, et je suis certain que l'on ne me refusera pas le droit d'affirmer que le fruit contient les éléments de la plante.

Comment ce sel de nitre est-il composé ?

Les charniers qui avoisinent les villes, protégés par des emblèmes religieux, absorbent la corruption des cadavres, mais ne la conservent pas et la prêtent en émanations à ce puissant moteur, la densité atmosphérique, qui en constitue les quatre parties azotées de l'air. C'est tellement vrai que la décomposition chimique de l'azote n'est autre que de la corruption. Je suis en cela d'accord avec les chimistes sans doute ?

Je reviens à l'arsenic.

En traversant la couche de terre de quelques

mètres pour les humains, et souvent d'un peu de poussière pour les animaux, ces gaz délétères condensent certain limon, qui, en vertu d'une loi générale commune aux minéraux dont il dérive, se change en sel de nitre condensé et s'élève en évaporation à peu de distance du sol. La densité aérienne l'attire à elle, et, confondu ensuite dans certains courants, il contribue à la vitalité de végétaux qui leur sont assimilables.

Comment devient-il arsenic?

Je ne ferai pas de grands efforts de mémoire pour en donner la preuve.

La terre qui a produit le sel de nitre est également pourvue de la composition arsenicale, et j'ai encore présent à l'esprit ce cas d'un crime supposé, perpétré à l'aide de l'arsenic, trouvé en quantité telle, autour du cercueil de la prétendue victime, que toute idée de ce crime a dû être écartée.

Dès lors, puisque la terre des cimetières est sillonnée d'arsenic, il ne peut y avoir rien de surprenant à ce que son congénère, l'azotate de potasse, l'entraîne avec lui.

Redoutant les conséquences d'une plus longue station au cabaret, et mon estomac suffisamment délabré se refusant du reste à toute nouvelle ingestion, je renonce à poursuivre mes expériences et j'abandonne à leur danger l'anisette et les divers ennemis de l'homme qualifiés apéritifs.

Je me résume.

Je n'ai jamais eu la prétention de faire changer le système social; j'ai voulu, dans un but dévoué, indiquer des causes de la dégénérescence humaine; si j'ai réussi à me faire comprendre, il ne me reste qu'à opposer un front calme et un sentiment débonnaire aux outrages qui m'attendent dans ma marche en avant.

Caducité précoce.

Je constate autour de moi des caducités précoces. Il m'incombe de les expliquer.

Le mercenaire des champs sera mon premier sujet.

Je lui mets en mains la pioche; il la saisit avec vigueur, l'enfonce de même dans la terre et en arrache des mottes d'un volume énorme.

Cette besogne le conduit à la fin du jour, et, rentré dans son humble demeure, il est presque aussi dispos qu'avant de commencer son labeur.

Comment cette anomalie peut-elle exister ?

Je cherche dans le bienfait d'une alimentation fortifiante la cause d'une pareille ténacité au travail et de son peu de fatigue, mais j'ai le regret de constater qu'une telle alimentation fait elle-même défaut.

Où donc réside cette cause?

Après avoir bien cherché je la découvre dans *l'habitude* ; cela est d'autant plus vrai qu'un individu de force supérieure ne pourrait satisfaire à semblable tâche.

J'en conclus que : « l'habitude est une seconde nature ». Axiome déjà vieux, et que je vais définir.

Les muscles contribuent à la force animale, ou plutôt l'expriment, et, comme tout dans notre organisme, ils ont leur rôle limité. Mais, sans appréciation de ce rôle, ils cèdent à toutes les sollicitations et prêtent leur concours dès qu'il est demandé, agissant en cela, comme ces musiciens engagés pour une soirée dansante qui fournissent sans trop de gêne une quantité de souffle ou une agitation musculaire en dehors des conditions ordinaires.

Cependant, à la longue, ce souffle ou cette agitation diminuent d'intensité, parce que le trésor est épuisé, pour avoir toujours donné sans prendre. C'est pourquoi le cultivateur armé de sa pioche résiste à toute fatigue, et c'est pourquoi aussi il devient caduc avant l'âge, tandis que s'il avait dépensé seulement ses revenus, c'est-à-dire utilisé une détente musculaire appropriée à sa nature, sa force resterait toujours égale, et le trésor recevrait dans un repos, la nuit, la dépense du jour. C'est du moins la loi du créateur, qui a donné à chacun de nous la lumière du jour pour faciliter le travail, et l'obscurité de la nuit pour le repos qui le compense.

Méconnaître cette loi est une faute qui nous entraîne vers la caducité précoce.

Je prends mon deuxième argument dans ces dépenses de vitalité gaspillée dans les insomnies.

Comme toutes les plantes, l'homme ne vit normalement que dans une atmosphère propice ; et, de même que l'existence du poisson exige de l'eau claire, l'homme dépérit et ne peut vivre dans un air vicié.

C'est aussi vrai que le danger caché dans un usage abusif d'hydrothérapie, équivalant au régime de l'air qui serait employé à la guérison d'un poisson.

Je vais faire une digression et m'emparer de l'hydrothérapie.

Je prends la respectueuse liberté de convier qui voudra à l'appréciation du fait suivant.

Si je plonge un sujet dans l'eau avant la digestion complète, il me restera inanimé dans les mains.

Si je l'inonde d'eau dans les mêmes conditions, il en résultera la syncope.

Je prie les personnes que j'ai conviées de m'absoudre ou me condamner si j'affirme, à la face de tous, que cette immersion ou aspersion doit être nuisible après la digestion.

En ma qualité d'accusé sur la sellette, je vais présenter ma défense, et je n'aurai pas besoin de de grande éloquence pour confondre mes accusateurs.

Qu'est-ce que l'épiderme ?

Une sorte d'écumoire aux mille trous microscopiques.

Qu'est-ce que l'eau ?

Un liquide qui cherche toujours des issues.

Prenons d'abord le bain.

En offrant pendant plusieurs minutes les issues de l'écumoire au liquide, celui-ci pénètre dans l'organisme en quantité beaucoup plus considérable qu'on ne pense et, pendant cette inondation, le système d'aération animale se trouve suspendu.

Personne ne m'interrompt, je pense ?

Or, cette suspension doit avoir son importance, et la voici :

Privé de son moyen d'épuration qui exige une activité constante, le sang offre à l'arrivant, et sans défense — permettez-moi de m'exprimer ainsi, — ses éléments corrompus; car il en existe toujours, dans quelque condition animale que nous soyons. L'eau, de son côté, entraîne des résidus corruptibles. Les deux éléments réunis produisent ces éruptions que l'on constate après quelques bains successifs chez des personnes bilieuses.

Dans d'autres cas, ces éruptions n'ont pas lieu, et la corruption qu'elles représentent va semer la *vaginite*, le *cancer utérin*, la *péritonite*, bien qu'elle soit déterminée aussi par un dérèglement de mœurs.

Je définis le cas au féminin.

Quant à l'autre, il est encore plus dangereux. Jugez-en.

La nature de l'homme est absolument différente de celle de la femme, et, sans m'arrêter à l'absurdité de la côte d'Adam, je prends ma croyance un peu plus haut.

Dans le rôle de chacune des créatures, l'auteur en a distingué la nature, et, la structure de la femme me dispensant d'autres arguments, je ne m'occupe donc que du rôle de l'homme.

Musclé, charpenté et carné de façon à satisfaire au labeur qui lui incombe, il ne peut déroger, et, en cherchant des moyens réfrigérants ou d'élasticité propres seulement à la femme, il commet une profanation, attendu que ces délassements ne sont pas appropriés à sa nature, pas plus que l'immersion n'est salutaire à celle de la femme, destinée, au foyer, à remplir dans ce milieu une mission consolatrice.

Des affections continuelles, un regard inspiré par l'amour, un dévouement sans bornes, enfin le fardeau intérieur sont l'apanage concédé à sa gracieuse majesté.

Hélas ! je me cache le visage, déçu dans mes espérances, et je reviens à l'homme.

Les organes de celui-ci présentent cette différence avec ceux de la femme, qu'ils sont beaucoup plus actifs.

Il y a des hommes doués de la vélocité ; jamais de femmes. Par conséquent d'où découle le danger dont j'ai parlé.

A son arrivée dans le sang, le liquide aquatique est attiré rapidement dans la circulation, et déposé au passage les deux corruptions réunies, qui, saisies de nouveau à la circulation suivante, vont tapisser le diaphragme.

De nouveau je vais faire grincer des dents, puisque j'affirme, et cela d'une façon absolue, que dans cette membrane siège la fabrique de toutes nos affections. Il est donc clair que celle-ci y prendra son origine.

La tapisserie dont je viens de parler est, en même temps, un moyen de correspondance établi entre elle et la corruption bilieuse du foie. Nécessairement les deux correspondants se marient, et cette union engendre l'éruption, qui se fraye passage à travers les glandes du larynx, et se répand en boutons pustuleux sur la totalité de la face ; car chez l'homme la corruption ne cherche pas d'autres issues. Mais, avant d'arriver là, que de désastres elle occasionne.

En premier lieu, pour se frayer passage, elle a contrarié la digestion et lui a dérobé toute sa richesse pour la confondre avec elle.

Ce larcin a des conséquences déplorables, en ce sens qu'il enlève l'engrais comme l'inondation le fait pour la terre, et, loin d'y laisser le moindre limon, il en détermine l'aridité. De sorte que, tôt ou tard, le chardon envahira le terrain et déterminera des affections que nous attribuons à la fatigue, au climat, à l'alimentation, etc.

Je ne crois pas devoir pousser plus loin la démonstration de l'utilité du conseil suivant : Il faut renoncer à la fatale erreur de la routine, qui fait croire aux bienfaits de l'hydrothérapie.

Je reprends la caducité.

L'air vicié remplit dans nos organes un rôle que je vais expliquer.

Les poumons, ces agents ventilateurs, transmettent au sang le résultat de la ventilation.

Quand l'air est pur, la richesse du sang augmente par l'héritage qu'ils lui lèguent de principes *albumineux* et *alcalins* recueillis dans la respiration.

L'air vicié change ces deux agents en gaz azotés et oxygénés, c'est-à-dire qu'ils reprennent leur première forme, car, ainsi que je l'explique dans un autre cas, l'albumine est mélangée à l'azote, et l'alcali à l'oxygène.

Il conviendrait de développer cette hypothèse, mais le moment n'est ni favorable ni opportun.

Ainsi donc le sang hérite d'un ennemi qu'il était loin d'attendre, puisqu'il n'espère d'autre concours que celui apporté par l'atmosphère, et non le résultat de combustions toutes dangereuses, à commencer par le gaz de houille qui n'est autre qu'un *congénère de la poudre*.

En général je n'avance rien que je ne sois à même de prouver, sinon par la démonstration, au moins par la logique, et j'ajoute que je prouverai par l'explication suivante l'existence de l'ennemi dont je parle.

La combustion attire à elle tout l'hydrogène d'un rayon étendu à sa chaleur. C'est la loi de l'éclairage, puisque sans air il est impossible.

Que deviennent dans la combustion les éléments entraînés par le promoteur de la lumière, soit l'albumine, soit l'alcali, soit, enfin, tous les dérivés de l'air?

Ils prêtent un concours actif au foyer combustible, et disparaissent consumés, ne laissant que l'oxygène incombustible, qui cherche alors son co-associé l'azote toujours présent dans un milieu où l'échange d'air des poumons n'est pas opéré puisque c'est sans cesse le même qui entre et sort.

Je n'ai qu'à pénétrer la nuit dans une agglomération d'hommes pour obtenir réparation du doute qu'a pu faire naître une aussi audacieuse hypothèse.

Donc, dans les veillées à appartement clos, nous ne respirons que l'azote uni à l'oxygène, mais dépourvus du gaz asphyxiant qu'ont emporté l'albumine et l'alcali.

Je donne l'explication de ce phénomène dans un autre ouvrage.

Il me reste à dire que dans ces conditions il y a absence de vitalité et, conséquemment, caducité précoce.

J'aborde un troisième cas. Je le prends dans les ennuis domestiques, et, si le premier de ce chapitre trouve sa source dans un excès de labeur, celui-ci est tout l'opposé.

Les contrariétés conjugales notamment ont le triste pouvoir d'augmenter la production bilieuse, et, partant, de créer une irritabilité qui porte ses désastreux effets sur la dépense vitale.

Il faut certainement que je m'explique. Je le fais d'autant plus volontiers que je vais découvrir encore une plaie sociale.

L'homme est absolu dans le ménage. Il se figure avoir reçu en partage la sagesse des dieux et ne supporte aucune réprimande de celle qui, dans bien des cas, lui prouve sa sagacité. Mais, reconnaissant cependant au fond la supériorité de sa compagne, il éprouve l'irritabilité que je signale et dont l'effet porte principalement dans le cerveau. Cet organe, d'une délicatesse extrême, reçoit et conserve longtemps l'impression violente qu'il transmet dans tout l'organisme, et nous avons tous constaté cet air farouche imprimé sur notre face à la suite d'une contrariété domestique.

Cette irritabilité répétée provoque l'énervement ou la névrose, rend le travail pénible, le borne à peu de chose et finit par le rendre impossible, par la caducité précoce qu'elle détermine.

J'endosse l'attirail du chasseur pour définir un autre cas.

Dans ces longues courses à travers champs, sur des terrains inégaux, les muscles de mes jambes subissent une détente anormale, due aux accidents de ce terrain.

Le plus affecté de ces agents de virilité, est celui d'Achille, qui supporte tout le poids de mon corps, et fournit en même temps la condition de vélocité. Il est composé d'un tissu différent des autres, et son élasticité est bornée à la pression du calcanéum, qui appuie par conséquent d'une façon défectueuse à chaque accident de terrain.

Le métatarse agit avec trop de pression sur le gros orteil, son correspondant direct, aux inclinaisons de route ; enfin la plante du pied, trop détendue aux monticules, imprime une grande lassitude aux autres correspondants.

Rentré au logis, mon premier soin devrait être de donner à la détente anormale de mes muscles le moyen de reprendre leur état naturel, c'est-à-dire le repos, et je fais malheureusement tout le contraire.

Je convie des camarades au festin giboyeux, et là les excès de nourriture, la quantité de liquide absorbé, les veilles exigées dans ces agapes entretiennent cette détente, qui à la longue décourage le chasseur, étonné lui-même de ce dégoût pour une distraction autrefois favorite, et que lui rend pénible, non pas le dégoût, mais une caducité précoce.

CONCLUSIONS

Que me dira-t-on après ces audacieuses hypothèses ?

Quelles seront les phrases employées à me combattre, et où puisera-t-on des arguments propres à réfuter mes allégations ?

Je n'ai pas entrepris de semblables travaux dans l'intention d'acquérir une gloire factice.

Je vise bien plus haut.

Mon but est de faire cesser des causes de misères et de tourments, de semer dans des champs arides la manne de la vertu et de quitter cette terre, pauvre et obscur comme j'ai vécu, laissant à d'autres le soin de récolter mes semailles.

Avant de terminer cette œuvre moralisatrice, je devrais demander la faveur de la dédier à ceux qui ont cru voir en moi un ambitieux acharné à la conquête de banales récompenses et employant tous les moyens pour les obtenir, sans se préoccuper du qu'en dira-t-on.

Telle n'était certainement pas ma pensée.

J'ai été à même de reconnaitre que le cerveau de chaque être renferme des germes intellectuels de diverses natures qui ne demandent qu'un terrain propice pour se développer.

A douze ans, Arago dépassait toujours en définitions les leçons de son maître.

Le grain de mil, cet atome graminée perdu dans l'immensité terrestre, renferme un germe que nul ne songerait à y découvrir, et qui, cependant, lui permet de s'élever à plusieurs mètres au-dessus du sol, donnant cent fois sa valeur primitive.

Que lui faut-il à cet atome pour produire ce phénomène ?

Un peu de limon.

Que m'a-t-il fallu pour devenir médecin ?

Le regret de constater l'impuissance, reconnue du reste, de la science actuelle, et le désir de contribuer au soulagement de mes semblables.

A cette aspiration, le germe dont je parle a pris un développement, et, semblable au jet de lumière pénétrant tout à coup dans l'obscurité, il m'a permis de distinguer dans l'organe le siège de la faculté médicale.

Je ne crois pas dépasser les bornes du droit en soutenant l'existence de cette faculté, et, si son développement paraît étonner, il faut en attribuer la cause à des efforts journaliers et constants, amenant petit à petit la lame d'acier à s'allonger sous le laminoir.

Que dirais-je encore ?

Que c'est à la mansuétude d'un créateur puissant et généreux qu'est due la manifestation de ces météores lumineux dont le mystère nous échappe, mais qui pourrait être compris dans sa charitable allégorie, si nous établissions la nature de ces météores, comparativement à l'astre qui les conduit, dévié de sa route, contrarié dans sa marche par l'indignité humaine qui a voulu s'opposer à la manifestation la plus éclatante de la grandeur divine, confiant au plus humble un pouvoir que lui envieraient les grands et qui lui permet de pénétrer partout et d'y chercher, pour l'en chasser, la cause de nos malheurs et de la remplacer par la foi ardente qui l'anime.

J'ai encore bien des infortunes à signaler, mais, fatigué de cet effort, je borne à ma tâche d'aujourd'hui ce labeur qui va soulever des tempêtes horribles, calmées, cependant, à la vue du rameau d'olivier que j'apporte en signe d'une paix durable.

TOURS, IMP. E. ARRAULT ET Cⁱᵉ.

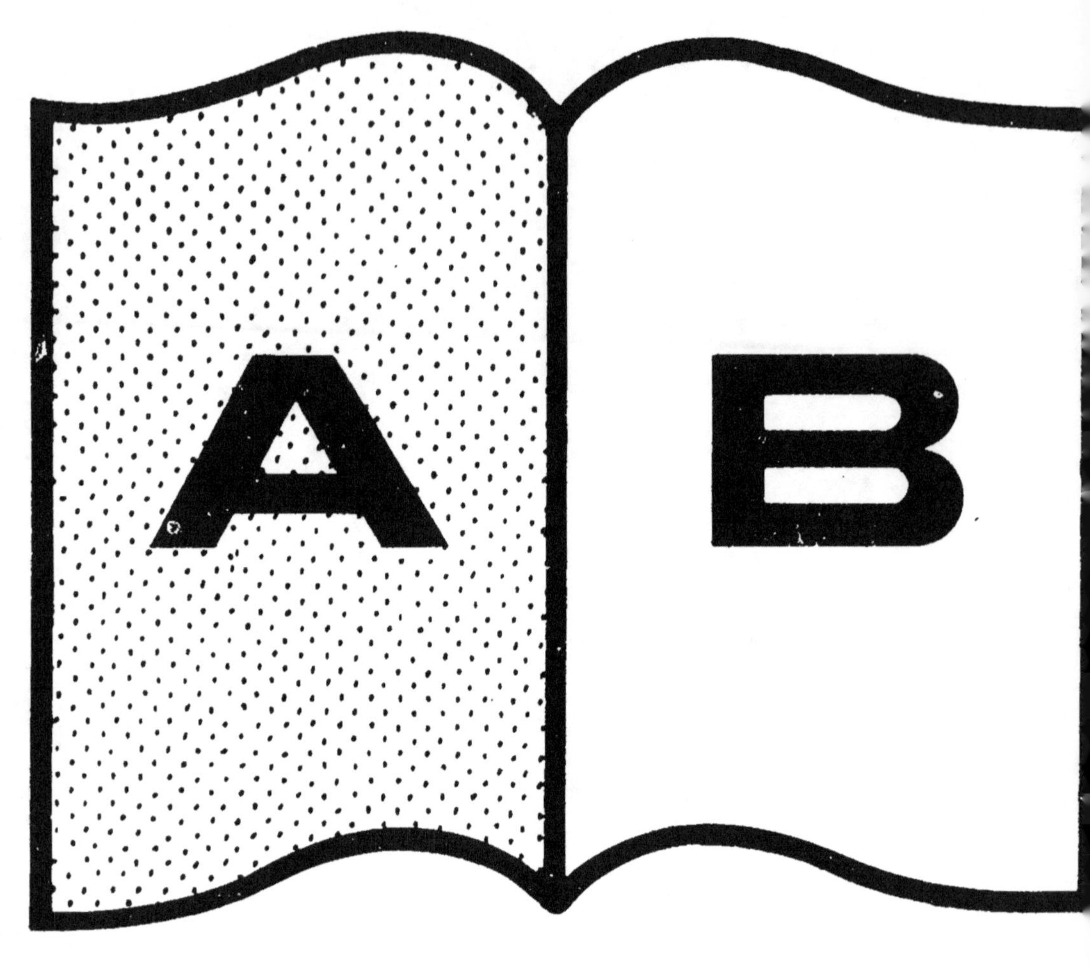

Contraste insuffisant

NF Z 43-120-14

Texte détérioré — reliure défectueuse

NF Z 43-120-11